메타버스, 새로운 세계에 대한 도전

진인진

메타버스, 새로운 세계에 대한 도전

초판 1쇄 발행 | 2022년 4월 25일
초판 1쇄 인쇄 | 2022년 4월 25일

지은이 | 조경식, 박범섭, 이동욱, 김기현, 황길주, 조진철
엮　음 | 메타버스 연구·교육 센터
편　집 | 배원일, 김민경
발행인 | 김태진
발행처 | 진인진
등　록 | 제25100-2005-000003호
주　소 | 경기도 과천시 별양상가 1로 18 614호(별양동 과천오피스텔)
전　화 | 02-507-3077-8
팩　스 | 02-507-3079
홈페이지 | http://www.zininzin.co.kr
이메일 | pub@zininzin.co.kr

ⓒ 메타버스 연구·교육 센터 2022
ISBN 978-89-6347-503-5 03500

* 책값은 표지 뒤에 있습니다.

차례

들어가며   5

1장   메타버스에 대한 기본 이해   9
     1. 광장과 플랫폼, 메타버스   11
     2. 메타버스가 가는 길   24

2장   4차 산업혁명과 메타버스   27
     1. 4차 산업혁명과 디지털 전환   29
     2. 디지털 전환과 메타버스   30

3장   통신(정보통신) 인프라의 발전과 메타버스   35
     1. 연결의 시작   37
     2. 연결의 확대, 이동통신의 발달   42
     3. 5G와 메타버스   48

4장   메타버스와 가상 현실 디바이스(DIGITAL REALITY: XR)   55
     1. 메타버스의 유형과 디바이스   57
     2. XR기기의 발전과 빅테크   64
     3. 디지털 현실의 발전과 전망   71

5장   교육의 미래와 메타버스   83
     1. 메타버스가 만드는 교육의 변화   85
     2. 디지털 리터러시와 메타버스 경쟁력   96
     3. 메타버스를 활용한 교육 사례   101
     4. 메타버스를 활용한 교육 시스템 전망   115

6장	메타버스와 가상 자산	121
	1. 메타버스 관련 가상 자산 개요	123
	2. 가상 자산을 활용한 자금 조달	133

7장	메타버스와 글로벌 유통 플랫폼	145
	1. 경험 가치 고도화 경제 전쟁, 국경 간 전자상거래	148
	2. 한국의 국경 간 전자상거래	153
	3. 국경 간 전자상거래 기반 구축 필요	157
	4. 국경 간 전자상거래와 메타버스	162

8장	빅테크의 메타버스 전략	169
	1. 글로벌 빅테크 경쟁	171
	2. 국내 기업의 메타버스 진출 전략	176

9장	메타버스 정부 정책	181
	1. 가상융합 경제 발전 전략(2020년)	184
	2. 메타버스 발전 전략(2022년)	187

10장	메타버스, 디지털 세계의 미래	207
	1. 메타버스의 방향	209
	2. 디지털 세계의 도전	210
	3. 사유가 필요한 시대	217

부록 1	정부 정책 발표 자료	225
	1. 가상융합 경제 발전 전략, 관계 부처 합동	225
	2. 디지털 신대륙, 메타버스로 도약하는 대한민국(관계 부처 합동)	227

부록 2	메타버스 신사업을 위한 정부 펀딩과 정부 지원 사업의 탐색 여행	233

들어가며

"모든 것은 변한다. 변하지 않는 유일한 사실은 변한다는 사실뿐이다"라는 헤겔의 말처럼 오늘의 지식이 내일은 쓸모없어질 수도 있는 변화와 속도의 시대다. 혁명이라는 말이 쉽게 오르내리고 있다. 혁명은 과거의 파괴와 미래의 건설을 의미한다. 4차 산업혁명의 기반에는 디지털 세계가 있고 이 디지털 세계를 이끌어 가는 것이 메타버스다. 메타버스가 가는 길이 멀리 있다고 느껴질 수 있다. 과거의 경험으로 미래의 속도를 예견하기가 쉽지 않은 세상에 살고 있다. 어느 순간에 우리 눈앞에 과거와는 다른 세계가 다가와 있을 것이다. 메타버스는 우리에게 미지의 경험을 체험하게 할 것이다. 시공을 넘나드는 경험은 우리에게 새로운 문명의 도래를 의미한다. 메타버스는 어느 날 갑자기 우리에게 다가온 것은 아니다. 스마트폰이 기존 기술의 총합인 것처럼, 메타버스는 4차 산업혁명의 다양한 기술과 콘텐츠를 융합하고 현실과 가상을 넘나드는 새로운 세계를 만들어 가면서 우리가 갖고 있던 꿈을 현실로 만드는 통로가 될 것이다. 메타버스 시대를 둘러싼 글로벌 경제 전쟁이 시작되고 있고 경제 지형도 바꿀 것이다. 새로운 산업의 도래는 기존 산업의 지각변동을 의미한다. 메타버스는 많은 기업에 도전과 지속가능성을 시험하게 할 것이다. 글로벌 빅테크를 포함하여 창의성으로 무장한 수많은 크리에이터들이 디지털 세계 건설에 뛰어들 전망이다. 변화와 혁신으로 무장한 많은 스타트업들이 우리 사회를 역동적으로 만들고 경제의 한 축으로 성장할 수 있도록 국가와 산·학·연을 포함하는 모두의 집단지성과 노력이 요구된다. 메타버스와 연관된 산업을 체계적으로 육성하고 경쟁력을 갖기 위한 장기적인 로드맵도 계속 정교하게 다듬을 필요가 있다. 국가는 메타버스와 같은 리스크가 높은 미래 산업에 적극적인 투자를 하여야 한다. 정부가 리스크가 높은 사업에 지원할 때 창출되는 수익 대부분이 기업으로 사유화되는 현상을 비판하면서 수익의 일정 부분을 사회화할 필요가 있다는 영국의 경제학자 마리아나 마추카토의 주장을 메타버스 지원 정책을 시행하면서 새겨볼 만하다.

우리가 준비해야 할 것은 많다. 먼저 메타버스를 활용한 교육의 변화가 필요하다. 메타버스는 부모의 소득과 상관없이 누구나 능력이 된다면 원하는 학교에서 교육을 받을 수 있는 교육 기초자본의 형성을 위한 중요한 도구가 될 수 있다. 교육 부분에 많은 내용을 포함한 것은 교육이 불평등의 완화와 사회 통합을 만들어내는 중요한 수단이기 때문이다. 21세기 교육의 방향으로 제시되는 4C 교육, 의사소통Communication, 협업Collaboration, 창의성Creativity, 비판적 사고Critical thinking가 메타버스라는 효율적 도구를 활용하여 효과적으로 이루어지기를 기대한다.

역사적으로 화폐 전쟁의 승자는 시장을 장악한 자다. 과거엔 힘으로 시장을 장악하였으나, 최근엔 글로벌 무역을 통해서 시장의 주도권을 가져온다. 전자상거래의 발달과 함께 다품종 소량 생산 메커니즘이 손 안에 든 컴퓨터를 통해 간편하게 거래되는 시대가 되었다. 다품종 소량 거래의 주역인 중소·중견기업이 글로벌 시장을 장악할 수 있는 절호의 기회를 맞이하고 있다. 그러나 우리에겐 이렇다 할 중소·중견기업을 위한 글로벌 인터넷 플랫폼이 없고, 중소·중견기업의 글로벌 전자상거래 참여도 미흡하다. 언어보다는 감성으로 체험을 하고 공간을 극복할 수 있는 메타버스는 중소·중견기업의 글로벌 무역 진입의 기폭제로 부상하고 있다. 최근 들어서 중국의 전자상거래 시장 점유율은 이제 글로벌 전자상거래의 절반 이상을 차지하고 있으며, 이들 시장의 우월적 지위를 기반으로 전자화폐 전쟁을 준비하고 있다. 중국이 전자상거래를 통해 과거 10여 년 전부터 준비해온 국경을 넘나드는 전자상거래 종합 시험구를 통한 플랫폼 기업의 양성, 풀필먼트 서비스를 가능하게 했던 해외 물류창고의 구축, 글로벌 전자상거래 체험을 하고 소비하는 O2O Online to Offline 체험 공간의 건설 등의 사례를 바탕으로 우리 중소·중견기업도 새로운 감성형 메타버스 물류 유통 플랫폼을 통하여 글로벌 경쟁력을 만들어나갈 수 있도록 준비해야 한다.

화폐는 집단적인 신뢰를 통하여 그 영역을 확장한다. 암호화폐 등 가상 자산의 등장은 기존 화폐와 신뢰의 충돌을 의미하고, 현재의 글로벌 경제 체제가 가진 문제에 대한 새로운 변화의 추구를 뜻한다. 국가 법정화폐와 블록체인으로 연결된 가상 자산이 디지털 세계의 거래 수단을 둘러싸고 계속 경쟁할 것으로 전망되며 향후 귀추가 기대된다.

메타버스가 만들어내는 새로운 디지털 세계는 우리에게 많은 담론을 제기할 것이다. 디지털 휴먼, 인공지능, 로봇 등에 대한 다양한 우려도 존재한다. 오래전 올더스 헉슬리의 『멋진 신세계』나 조지 오웰의 『1984』처럼 디스토피아적 미래가 펼쳐지지 않을까 하는 전망도 한다. 문제를 알면 해결할 수 있고, 생존의 위기가 발생하면 난관을 헤쳐나온 여정이 인류의 역사다. 『휴먼카인드』의 뤼트허르 브레흐만 Rutger Bregman의 말을 빌리지 않더라도 인류는 위기의 순간마다 사회적 협력과 집단지성을 활용하여 극복하여 오지 않았는가?

이 책은 메타버스를 연구하고 관심을 가진 사람들의 지식과 경험의 콜라보레이션이다. 1장, 6장, 8장, 10장은 조경식 교수, 2장, 9장은 김기현 교수, 3장은 박범섭 교수, 4장은 이동욱 교수, 5장은 황길주 교수, 7장은 조진철 선임 연구위원이 책임 집필하였으나 전체 내용에 대해서는 같이 방향을 논의하고 토론하였다. 이 책을 완성하면서 전공과 관심 분야가 달라 전체 의견을 조율하는 데 시간이 걸렸지만, 모두 적극적으로 상호 의견을 비판하고 받아들이는 융합적 사고와 협력으로 긴 여정을 무난히 마무리할 수 있었다.

이 책을 만들기까지 많은 분의 도움이 있었다. 고훈석 님은 책의 전체적 틀에 대하여 조언을 해주었으며, 진혁 님과 전용찬 님은 책의 내용을 꼼꼼히 읽고 방향에 대하여 좋은 의견을 주었다. 김병삼 교수님은 물심양면으로 책을 출판하는 데 도움을 주었다. 끝으로 졸저의 출판을 흔쾌히 허락해 주신 진인진 대표 김태진 님에게도 이 자리를 빌려 진심으로 감사드린다.

2022년 4월
메타버스 연구·교육센터

1장

메타버스에 대한 기본 이해

미래를 창조하기에 꿈만큼
좋은 것은 없다.
오늘의 유토피아가
내일 현실이 될 수 있다.
(빅토르 위고, 1802~1885)

1. 광장과 플랫폼, 메타버스

메타버스는 새로운 세계에 대한 도전이다

인간의 역사는 시간과 공간을 극복하기 위하여 노력하여 온 끝나지 않는 긴 여정이다. 미지의 세계에 대한 탐험과 욕망은 수많은 과학·기술의 발전을 가져왔다. 인간과 지구에 대한 탐구, 우주에 대한 열망도 마찬가지다. 인간은 항상 꿈을 꿔왔다. 인간은 불완전한 존재를 넘어서고자 항상 완전한 존재를 갈망하고 있는지 모른다. 완벽한 존재로서의 신은 어쩌면 인간의 불안정성에 대한 보상 심리와도 연결되어 있다. 메타버스는 이러한 인간의 무한한 도전과 꿈의 연장선에 있다.

그리스어로 메타Meta는 초월 또는 그 이상이라는 의미로 무언가를 넘어선다~beyond는 뜻을 내포하고 있다. 메타와 세상과 우주를 의미하는 유니버스Universe를 합성하여 메타버스Metaverse라고 사용하고 있다. 메타버스는 현실에서 담아낼 수 없는 영역들을 새롭게 끌어낼 수 있지만, 현실 세계보다 우위에 있다는 의미는 아니다. 현실 세계와 디지털 세계는 연결된 상호보완적인 다른 영역이다. 현실 세계는 우리 삶의 원천적 기반이다.

엔비디아Nvidia CEO 젠슨 황이 "앞으로의 20년은 공상과학과 다를 바 없다. 메타버스가 오고 있다"라고 말했지만 이미 메타버스에 우리가 모두 탑승하고 있는지도 모른다.[1]

메타버스는 미국의 SF 작가 닐 스티븐슨Neal Stephenson이 1992년에 쓴 소설인 『스노 크래시Snow Crash』에 처음 등장한다는 의견이 많다. 그 이전에도 디지털 세계에 대한 다양한 상상들은 영화와 공상과학소설 속에서 이미 상당 부분 나와 있었다. 1982년 스티븐 리스버거Steven M. Lisberger가 감독한 『트론TRON』에서는 주인공이 컴퓨터 안에서 프로그램화되어 컴퓨터 속에서 행동하는 다양한 현상을 그렸다. 윌리엄 깁슨William

Gibson의 공상과학소설 『뉴로맨서Neuromancer』(1984) 등에 이미 매트릭스 등 가상 공간에 대한 의미를 담고 있다. 제임스 카메론James Cameron 감독의 《매트릭스The Matrix》(1999)나, 스티븐 스필버그Steven Spielberg가 감독한 가상 현실 블록버스터 영화인 《레디 플레이 원Ready Player One》(2018) 등을 보면 향후 메타버스가 향해가는 방향을 미리 알 수 있다.

인터넷의 발달과 급속한 기술 발전은 상상에만 존재하던 일들을 현실로 만들고 있다. 메타버스에 대한 공통된 정의는 없지만 한마디로 말하면 메타버스는 아바타가 살아가는 새로운 디지털 세계다.

아바타Avarta는 원래 산스크리트어로 "하늘에서 내려온 자", "(힌두교) 신들의 분신"이라는 뜻을 의미한다. 이러한 아바타는 디지털 세계에서 사용자의 분신이 되고 있다. 현실의 인간(나)이 디지털 공간에 분신(아바타)으로 존재하지만, 그 존재 형태는 현실 존재와 같을 수도 있고 이상적인 존재로 존재할 수도 있는 등 아바타의 존재는 다양하게 나타나고 있으며 앞으로 더 다양해질 것이다.

아바타는 크게 3가지 형태로 드러난다. 가장 먼저 나의 현존재를 디지털 세상에 옮겨놓은 것이다. 나의 존재가 디지털 속으로 확장되기도 하고 변형되기도 한다. 디지털 속에 나의 존재가 투영됨으로써 나는 기존의 시간과 공간의 물리적 한계를 넘어설 수 있는 또 다른 존재로 만들어진다. 메타버스 플랫폼 안에서 디지털 속의 나는 물리적으로 떨어진 세계의 사람들과 대화를 나누고, 다양한 거래를 하고, 공동체를 형성하고 네트워크를 확대할 수 있다. 디지털 속의 나는 기존의 공간을 뛰어넘어 인터넷이 연결된 어떤 지역과도 나를 드러내고 연결할 수 있다.

두 번째는 나의 이상, 꿈이 포함된 또 다른 나다. 현실 속에서 내가 넘어설 수 없었던 한계, 사회 구조 속에서 좌절할 수밖에 없었던 나의 이상을 실현할 수 있는 공간이 만들어진 것이다. 이제 나는 기존의 가로막던 벽을 넘어서 새로운 도전을 할 수 있게 되었다. 메타버스는 게임에서 먼저 시작되었지만, 점차 현실 세계의 경제·사회 등 모든 사회 영역으로 계속 확대될 것으로 예상된다. 게임과 도박은 인간의 원초적 욕망과 맞물려 있다. 주사위 게임 등은 금융을 포함한 경제에서 확률과 통계라는 인간의 새로운 영역을 여는 기반이 되었다. 이제 나의 꿈, 나의 이상이 펼쳐질 수 있는 공간이 디지털 속에서 만들어지게 된 것이다.

세 번째는 집단지성이 만들어내는 또 다른 나다. 인간은 항상 표준적인 인간, 이상적 인간, 보통의 인간 모습은 어떨까 하는 생각을 한다. 나의 모습과 비교하면서. 이제 이러한 인간들이 디지털 속에서 만들어지고 있다. 가상 인간 '로지ROZY'는 인공지능AI과 그래픽 기술로 만들어졌다. 버추얼 인플루언서virtual influencer로 인터넷에서 수백만의 팔로어follower를 거느리고 있고 광고까지 하고 있다. 중국, 태국도 가상 인간을 만들고 다양한 분야에서 활약하고 있다. 아직은 젊은 여성 연예인과 비슷한 형태를 가지고 있다. 가상 인간은 다양한 형태로 나타나고 역할도 다양화할 것이다. 가상 인간에게 교육을 받고, 가상 인간을 통하여 문화를 접하고, 물건을 거래하게 될 것이다.

이러한 세 가지 유형의 나(아바타)가 새로운 세계를 만들어나간다. 일부는 현실에, 일부는 미래의 사회에 대한 갈망에, 일부는 현실 세계에서는 이룰 수 없는 꿈에 바탕을 두고 있다. 이러한 다양한 아바타들은 기존의 역사에서는 신화나 소설로만 존재한다. 이제는 현실과 거의 같은 디지털 세계에서 모든 사람이 참여하면서 인간이 꿈꿔왔던 다양한 세계를 만들어나갈 것이다. 이러한 디지털 세상의 모습은 현실 세계와 끊임없는 소통을 하고 관계를 갖게 될 것이다. 현실 세계의 많은 문제를 드러내고 극복할 수 있는 대안도 만들어갈 수 있다. 이제 인간은 그 이전의 역사와는 다른 수많은 현실 세계의 시행착오를 디지털 세상에서 사전 점검하고 더 나은 현실을 만들어낼 수 있는 기반이 될 수 있다.

그러나 현실 세계가 없다면 디지털 세계는 존재하지 않는다. 우리는 디지털 세계에서 빵을 먹을 수 없고, 거주할 수도 없다. 그곳에 있는 나는 가상의 나이기 때문이다. 인간의 모든 에너지는 현실 세계에서 습득한다. 현실 세계와의 연결을 끊어버리는 순간, 우리는 또 다른 소외감에 빠져들 수 있다. 현실의 나를 잃어버릴 수 있기 때문이다.

메타버스는 플랫폼 안에서 모든 것이 이루어진다. 메타버스 플랫폼은 참여하는 사람들이 세상을 만들어나가는 다양한 방법을 담고 있다. 게임, 상거래, 회의, 교육, 개인적 소통 등 현실 세계의 많은 사회 영역과 경제 영역이 그 안에 스며들고 있다.

그럼 플랫폼이란 무엇인가? 왜 우리는 플랫폼에 열광하고 플랫폼 속에서 살아가는지 알기 위하여 플랫폼에 대하여 좀 더 자세히 알아보고자 한다. 그렇게 하기 전에 소통과 네트워크에 대한 인류의 역사를 간단히 살펴보자

인간은 사회를 형성하면서 물건을 사고파는 시장이 형성되었다. 시장은 항상 활력이 넘쳤으며 새로운 정보가 오가는 곳이었다. 사람들이 의견을 교환하고 정치에 대해서도 자유롭게 토론하는 장소였다. 시장을 통하여 낯선 사람과 사람이 연결되었으며, 지역과 지역이 연결되었다. 시장은 새로운 네트워크가 형성되는 장소였다. 시장이 확대되고 도시가 만들어지면서 도시는 그 지역의 중심이자 허브가 되었다. 도시는 아이디어들이 교환되고 지식이 공유되는 장소가 되었다.

도시의 중심에 이를 매개하는 광장이 건설되었다. 아테네와 로마 등 성공한 수많은 도시의 이면에는 도시가 이러한 네트워크의 중심이 되고 많은 지식인과 예술인이 자신들의 생각을 자유롭게 공유할 수 있었기 때문이다. 정치가들의 눈에도 시장은 중요한 장소였다. 사람들의 의견을 수렴하고 자신의 논리를 바탕으로 정치 야망을 실현하기에 최적의 장소이기 때문이다. 시장은 권력자들이 장악하고 싶은 매력적인 곳이었다.

이러한 욕구는 시장을 광장으로 확장 시키는 동력이 되었다. 광장은 처음에는 다양한 네트워크가 이루어지는 개방된 공간이었지만, 광장은 권력의 상징이기도 했다. 국가가 법령을 선포하고 공공 행사를 여는 주요 장소로 광장이 활용되었다. 모스크바 광장 - 밑바닥이 붉어서 붉은 광장이라 불림 - 도 시장에서 출발하여 권력의 상징이 되었다.

수백 년 동안 광장은 공동의 문화 재산으로 여겨져 왔다. 그 탁 트인 공간으로 모여든 사람들은 이야기를 주고받고, 경험을 나누고 축제, 야외극, 의식, 경기, 오락, 시민 행사 같은 다채로운 문화 활동에 참여했다.2 광장의 기원으로 흔히 아고라agora가 언급되는데 '모이다'라는 의미를 가진 아고라는 고대 그리스 도시국가의 핵심 공간으로 시민 교류의 장소였다. 그리스인들은 아고라에서 집회를 열었고 각종 재판, 연극, 운동경기, 정치적 삶의 중심지였다. 주변에는 자연스럽게 시장이 형성되기도 했다.

초기 그리스 시대에 - BC 900~700년 경 - 에 고대 그리스의 시민으로 분류되던 자유민인 남성은 아고라에서 국방의 의무를 위해 모이거나, 왕이나 의회에서 내리는 통치의 발언을 듣곤 했다. 후기 그리스 시대에 아고라는 상인들이 콜로네이드 아래에서 그들의 상품을 팔기 위한 노점, 상점 등을 운영하는 시장의 기능을 제공했다.

고대 아테네는 그들의 중심가에 큰 아고라가 있었던 것을 자랑스럽게 생각했다. 아테네의 지배자인 페이시스트라토스Peisistratos와 히피아스Hippias 아래에서, 아고라는 약 600에서 750 야드의 열린 정사각형 공간으로 정리되었고, 웅장한 공공 건물들과 구분되었다.3 그리스의 위대한 정치가들을 배출한 장소도 아고라였다. 페리클레스Pericles가 스파르타와의 전쟁에서 그리스 사람들의 심장을 뛰게 했던 명연설 "용기가 자유를 낳고, 자유가 행복을 낳습니다, 우리가 이 두려운 전쟁 앞에서 용기를 내야 하는 이유입니다"라고 하며 아테네의 시민들을 한데 모으고 행동하

게 만들었던 곳도 아고라였다.[4]

로마 시대의 광장은 포룸forum – 이탈리아어로는 포로foro – 이었다. 포룸은 고대 로마인에게 공공 생활의 중심지를 의미했다. 포룸은 정치·행정·사법·종교·경제가 혼연일체가 되어 이루어지는 곳이다.[5] 로마 사회에서 광장은 많은 사람이 모이는 네트워크의 장소였다. 이곳에서 회의하고 토론하고 민의를 결정하기도 했다.

로마의 중요 행사인 개선식을 진행하는 장소도 광장이었다. 카이사르Caesar가 54세에 처음 개선식을 마르스 광장에서 했는데, 카이사르의 개선식에서 군단병들이 외친 약속된 구호는 "시민들이여! 마누라를 숨겨라. 대머리 난봉꾼이 나가신다!"였다. 로마의 개선식은 위풍당당보다는 다소는 장난스러운 분위기가 강했는데 이는 신들이 개선장군을 질투하지 않게 한다는 것이 그 이유였다.[6]

역설적으로 이러한 자연스러움과 군단병과 개선장군 간의 심리적 거리의 축소에 따른 결집력 등은 로마가 제국으로서 발전하는 힘의 원천이었다. 로마 시대의 권력자들은 민의를 대변하는 광장을 짓는 것이 큰 사명이기도 하였다. 카이사르 광장, 아우구스투스Augustus 광장은 힘과 권력의 상징이기도 했다. 광장에는 상징적인 건축물들을 건설했다. 카이사르는 기원전 48년 로마의 패권을 둘러싼 폼페이우스와의 결전인 파르살루스 전투에서 승리한 후 기원전 46년 가문의 신 베누스Venus*을 위한 신전 등을 건축했다. 오피스 거리와 도서관도 포함되었다.

광장은 도시의 사람들만이 주로 모일 수 있었다. 교통수단의 발달, 도로의 발달은 광장의 역할을 한 단계 더 높여주었다. 그것은 플랫폼의 확장이었다. 기차역 등이 들어서면서 광장의 역할과 영역은 더 확장되었

---

* 베누스는 영어로 비너스로, 미(美)와 사랑의 여신, 그리스 신화에선 아프로디테에 해당한다.

다. 근대 유럽의 광장 역시 도시의 기능과 긴밀히 연결되며, 중추 신경계 역할을 해왔다. 상인들은 광장을 중심으로 집결하였고, 다양한 거래뿐만 아니라 지식과 사상도 교류했다.

또한 광장은 주민들의 축제와 사교의 장으로 문화적 역할을 하였으며 일상생활의 중심지였다. 따라서 도시에서 주요한 기능을 하는 시청, 교회, 성당, 상가 등의 건물은 광장 주변으로 배치되었다. 유사시 군대가 정렬하고 행진하는 곳도, 그리고 외세나 독재에 저항하기 위해 시민들이 모이는 공간도 광장이었다. 이렇게 광장을 중심으로 도시가 발전한 까닭에 오늘날까지도 유럽의 광장은 유서 깊은 건물이나 역사의 흔적이 많이 남아있다. 바티칸의 '성 베드로 광장'은 전 세계 가톨릭의 중심지이고, 이탈리아 피사의 '기적의 광장'은 갈릴레오 갈릴레이Galileo Galilei가 중력의 법칙을 발견한 장소이기도 하다. 수많은 광장은 다양한 문화와 역사를 가지고 있다.

옆길로 새서, 잠시 최인훈 소설 '광장'을 떠올려보자. 소설가 최인훈이 1960년에 잡지《새벽》에 발표한 광장은 남북이데올로기 시대에 갈등을 표현한 소설이다. 남한에서 생활하다가 북한으로 넘어가서 6·25전쟁에 참가한 후 포로가 된 주인공 이명준은 남·북 어디에도 돌아갈 곳도 없고 자기의 뜻을 펼칠 수도 없다는 사실을 인식한다. 중립국으로 가는 인도 배 타고르 호에 승선할 수밖에 없었던 이명준에겐 크레파스보다 진한, 푸르고 육중한 비늘만을 무겁게 뒤채는 바다만이 참된 광장廣場이었다. 인간의 광장은 없었고, 광장의 중심엔 이념이란 타워가 우뚝했다. 흑백의 강요 속에서 자유로운 회색인은 존재할 수 없었다. 그렇게 이명준은 사라져 갔다. 광장이 자유로움을 잃어버릴 때 사회는 경직되고 이념의 울타리에 갇혀버린다.

광장은 민중들을 대변할 수 있는 항쟁의 공간이기도 하다. 러시아 혁명을 촉발한 1905년 피의 일요일도 러시아의 붉은 광장에서 이루어졌고, 1980년의 광주 민주항쟁, 2016년 촛불혁명도 광장이 주체가 되었다.

그러나 그리스·로마의 전통을 이어받아 광장의 역사를 만들어온 서구와는 달리, 동양은 광장에 대해 인색했다. 전제 군주가 확립되면서 민의를 촉발하는 광장의 존재가 부담스러웠기 때문일 수도 있다.

광장은 인류의 역사에서 소통과 네트워크의 중심지였다. 현대에 들어오면서 광장의 역할은 축소되었고, 정보와 지식의 전달은 주로 언론매체를 통해 이루어지기 시작했다. 신문, 통신, TV의 발전은 물리적 공간인 광장에 비하여 정보와 지식을 전달하는데 시간과 공간의 격차를 크게 줄였다. 그러나 언론이 권력화되면서 민의들을 대변할 수 있는 공간에 대한 갈망이 커지게 되었다.

인터넷은 광장을 디지털 세계로 끌어들였다

동시에 글로벌로 확장시켰다. 인터넷은 오래전부터 광장이 갖고 있던 역할인 소통과 네트워크, 자유로운 사상과 지식을 전달하는 새로운 네트워크의 중심지로 확장되었다. 그 중심에 플랫폼platform이 있다. 플랫폼은 자유로운 의사소통을 대변하는 곳이 되었다. 시간과 공간의 제약을 넘어선 인류 역사상 가장 크고 가장 활발하게 소통이 이루어지며 지식과 정보가 오가는 광장이 플랫폼이다.

플랫폼은 'plat구획된 땅'과 'form형태'의 합성어로, '구획된 땅의 형태'를 의미한다.7 플랫폼이란 역에서 사람들이 기차를 타고 내리는 곳이기도 하다. 현존하는 세계 최초의 기차역으로 1830년에 건설된 영국 맨체스터 종착역인 리버풀 로드 기차역에는 창고도 지어져 있었다. 사람과 물품이 오가는 곳이었다. 디지털 내에서 우리가 하는 사고파는 행위는 물류창고를 통하여 배달된다. 기차역은 광장을 연결하고 물품을 연결하는 플랫폼 역할을 해왔다. 기존 플랫폼 - 기차역 - 은 물리적 공간의 한계가 있었다. 사람들의 수는 탑승객에 따라 제한되었고, 공간 간 이동도 쉽지 않았다. 비용도 들고 시간도 소요되기 때문이다. 인터넷과 디지털은 이러한 한계를 극복하게 한다. 통신 인프라의 발달과 기기의 발전은 시간, 공간의 한계를 뛰어넘게 만들고 실재감을 극대화한다. 인터넷을 기반으로 하는 플랫폼은 사람과 사람을 연결하고 지역과 지역을 연결하면서 공간과 시간을 극복하는 공간, 네트워크가 연결되는 개방된 공간으로 더욱 확장된다.

플랫폼은 디지털로 구성된 새로운 개념의 시장이다
플랫폼이란 공급자와 수요자 등 다양한 그룹이 참여해 각 그룹이 얻고자 하는 가치를 공정한 거래를 통해 교환할 수 있도록 구축된 환경이다. 플랫폼 참여자들 간의 상호작용이 일어나면서 모두에게 새로운 가치와 혜택을 제공해줄 수 있는 상생의 생태계다.

플랫폼은 광장이다. 자유로운 소통이 이루어지고 공급자와 수요자를 연결하는 광장이다. 이 연결로 인하여 부富가 창출된다. 광장의 크기는 부의 크기를 결정한다. 인터넷에서 광장은 지역과 국가와 시간을 넘어서 무한대로 확장된다.

플랫폼 비즈니스는 인터넷의 발전으로 급속하게 늘어났다. 인터넷은 제레미 리프킨Jeremy Rifkin이 말한 것처럼 네트워크의 네트워크다.[8] 인터넷은 미국 국방성에 의해 1960년대 말에 만들어졌다. 슈퍼컴퓨터를 일일이 관련된 기관들에 제공하는 것보다 공유하는 편이 비용이 절약되고, 효율적이며 탈중앙화되어 문제가 발생되어도 자연스럽게 정보가 분산될 수 있었기 때문이다. 처음 모습을 드러낸 것은 1969년 국방부 산하의 아르파넷Arpanet이다. 이후 연구기관과 민간 네트워크들이 합류하면서 현재의 인터넷이 된다.

인터넷이 세계적으로 확산하는 데는 1989년 3월 스위스와 프랑스 사이에 있는 유럽 입자 물리 연구소CERN의 컴퓨터 과학자 팀 버너스-리Tim Berners-Lee가 만든 월드와이드웹world wide webs이 하나의 전환점이 된다. 웹의 시대가 도래된 것이다. 세계적인 빅테크Big Tech 기업들이 성장할 수 있는 인터넷 환경이 만들어졌다.

구글 북스 엔그램Google books Ngram으로 보면 플랫폼이란 용어가 열차가 시작된 시기에 많이 등장하였으나 플랫폼 비즈니스는 최근에 폭발적으로 늘어난 것임을 알 수 있다.

인터넷에서 플랫폼이라는 용어는 오라일리 미디어O'Reilly Media의 데일 도허티Dale Dougherty가 2004년 웹 2.0을 주창하면서 플랫폼으로서의 웹web as a platform이라는 용어를 사용하면서 확산되었다. 웹 2.0은 인터넷 참여자들이 적극적으로 참여해서 정보를 만들고 공유하고 사회적 네트워크를 형성하는 것을 말한다. 참여, 공유, 개방이 특징이다. 현재 언급되고 있는 웹 3.0은 인공지능 등을 활용하여 개인에 맞는 정보를 찾아주고 분석하는 인공지능형 웹이라 볼 수 있다.

월드와이드웹으로 시작된 인터넷의 급속한 발전은 기존의 성장 스토리와는 확연하게 다른 글로벌 빅테크 기업들이 성장할 수 있는 환경을 제공했다. 구글은 1998년 멘로 파크menro park의 한 차고에서 창업된 회사다. 유튜브는 2005년 산 마테오san mateo의 피자가게 위층에 있던 방 하나에서 시작된 스타트업이다. 메타Meta, 구 페이스북는 학교 기숙사에서 사이트를 열고 시작했다. 처음에 이들은 자유로운 소통과 네트워크, 개방과 민주주의라는 기본적인 생각을 가지고 출발했다. 스탠퍼드대학 교수로 사회학자인 그라노베터Granovetter가 말한 느슨한 연대, 느슨한 네트워크의 힘9이다. 이들 기업들은 네트워크 효과*와 좋은 연결성을 가진 허브들이 더 연결성이 좋아지는 선호적 연결preferential attachment현상, 다시 말해 느슨한 연대의 확장으로 인하여 급속하게 빅테크 기업으로 성

---

* 네트워크 효과는 이용자가 많아질수록 서비스와 제품의 가치가 높아지며 그로 인해 이용자를 끌어모으는 선순환 효과를 말한다.

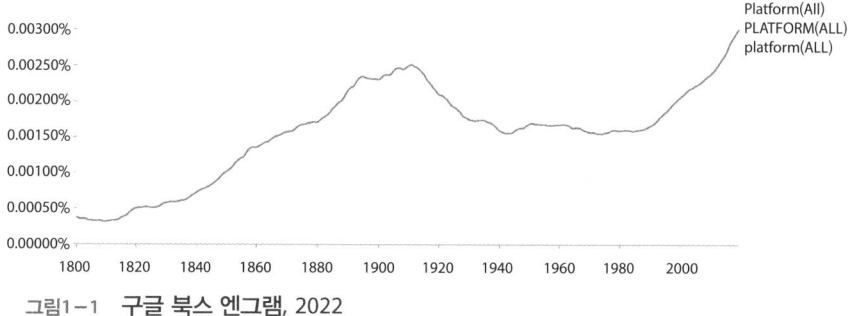

그림1-1 **구글 북스 엔그램, 2022**

장하였다.

글로벌 플랫폼 네트워크를 보유한 GAFA - 구글, 아마존, 페이스북, 애플 - 또는 FANG - 페이스북, 아마존, 넷플릭스, 구글 - 등으로 불리는 거대 빅테크 기업들은 기존의 기업들을 물리치고 시가총액 상위권을 차지하고 있다. 2021년 8월 기준으로 애플, 구글, 아마존, 메타(구 페이스북)가 세계 시가총액 10위 안에 있을 정도로 플랫폼 기업의 성장이 가파르고 경제에 차지하는 비중도 계속 높아지고 있다.

플랫폼은 수많은 네트워크를 연결하는 허브다

우리는 수많은 네트워크에 둘러싸여 있다. 학교, 직장, 동호회, 친척 등에 이르기까지 개인이 연결하고 있는 네트워크는 개인에 따라 다양하다. 사람들은 끊임없이 네트워크를 확대하여 나간다. 사람들은 네트워크 확대를 경쟁력으로 생각하고 보다 강력한 네트워크에 소속되길 바란다. 그 이유는 자기의 존재 이유를 드러내주고 있다고 생각하기 때문이다. 메타에서 사진을 올리고 '좋아요'의 클릭수를 관심 있게 쳐다본다. 소셜미디어 등은 이러한 인간의 심리를 바탕으로 성장하였다. 인터넷의 발달과 메타 등 많은 소셜미디어의 출현은 연결되기 어려웠던 - 시간과 공간적으로 힘들었던 - 다양한 네트워크들을 하나로 엮어주고 있다. 네트워크에 기반을 둔 경제는 연결의 속도를 높이고, 지속 시간을 줄이고, 효율

표1-1　세계 시가총액 상위 10개 기업 변화 추이

순위	1990년	2000년	2021년 8월
1	IBM	시스코시스템즈	애플
2	히타치	마이크로소프트	마이크로소프트
3	파나소닉	노키아	알파벳(구글)
4	루슨트테크놀로지	인텔	사우디 아람코
5	NEC	오라클	아마존
6	소니	IBM	페이스북
7	코닥	EMC	테슬라
8	후지츠	에릭슨	버크셔 해서웨이
9	샤프	텍사스인스트루먼트	TSMC
10	산요	루슨트테크놀로지	텐센트

출처: 『부의 시그널』, 박종훈, 베가북스, 2021.9를 참조하여 재작성

성을 높이면서 상상할 수 있는 모든 것을 서비스함으로써 생활을 더욱 편리하게 만든다.10

　촘촘하게 연결된 네트워크는 긍정적인 것만 있는 것은 아니다. 개인의 정보가 노출되면서 사생활이 침해되고 공격당하는 사례도 늘어나고 있다. 전 세계 금융의 네트워크는 미국의 서브프라임 모기지subprime mortgage를 전 세계로 확대하여 금융위기를 불러오게 했다. 편리함이 리스크를 낳는 법이다.

　현재 인터넷은 가장 강력한 연결성을 나타내는 네트워크로 전 세계의 신경계라 할 수 있다. 인터넷과 연결되지 않은 개인은 무슨 일이 벌어지는지 파악하기가 점점 어려워지고, 디지털 경제에서 이루어지는 공공, 민간 서비스 등을 제대로 활용하지 못하게 된다. 개발도상국 중 가장 빠른 성장세를 보이는 동남아시아와 아프리카 해안에 자리 잡은 국가들, 라틴아메리카 도시들이 동시에 가장 인터넷 연결이 잘되어 있는 곳이기도 하다는 점은 결코 우연의 일치가 아니다. 연결성이 떨어진 지역은 개발 속도에서도 뒤처지고 있다. 선진국에서는 인구의 85% 이상이 인터넷

을 사용하고, 개발도상국은 평균 43%이며, 아프리카의 인터넷 인구 비중은 35%에 그친다.11

메타버스 시대의 도래는 네트워크에 접속하는 사람과 그렇지 않은 사람 간 단절과 갈등을 더 확대할 수 있다. 더 나아가 가상 세계의 지배권을 둘러싼 경쟁은 치열해지고, 국가 간의 디지털 격차가 국가 경쟁력으로 이어진다.

플랫폼은 국가의 경제, 사회, 문화에 막대한 영향을 미치고 있다. 국가 간 플랫폼 선점 경쟁도 치열하다. 플랫폼 비즈니스는 변화와 속도에서 우위에 있어야만 지속가능하다. 새로운 스타트업 기업뿐만 아니라 위협을 느낀 기존의 많은 기업이 플랫폼 개발에 나서고 있다. 이제 기업은 디지털로 무장하고 변화와 혁신을 하지 않으면 살아남을 수 없다. 아무리 새로운 아이템과 아이디어로 무장한 플랫폼이라 하더라도 대체 플랫폼은 끊임없이 나오고 빅테크 기업을 중심으로 하는 메가 플랫폼 기업들이 위협한다. 플랫폼을 시작할 때부터 이를 감안하여 글로벌 차별성을 갖고 고객 친화적인 플랫폼으로 진화할 수 있는 확장성 있는 모델을 구축해야 한다. 더 나아가 다른 플랫폼과의 제휴, 기존 산업과의 융합을 통하여 독자적인 플랫폼 생태계를 만들어나가는 노력도 요구된다.

플랫폼의 지속적인 발전, 디지털로의 시간과 공간의 확대는 메타버스로 이어진다. 메타버스가 플랫폼의 또 다른 중심 영역으로 진화하여 나가면서 기존의 플랫폼을 대체하여 나갈 것이다. 메타버스 플랫폼 구축의 중심에는 고객이 있다. 고객이 수익이나 분석의 대상이 아닌 참여자가 됐을 때 경쟁력을 가질 수 있다. 고객과 계속 소통하면서 디지털 전략과 비즈니스 모델을 수정해 나가야 한다. 디지털 오픈 이노베이션Open Innovation은 기업과 기업뿐만 아니라 기업과 고객, 이를 둘러싼 다양한 이해관계자들과 어느 만큼 소통하고 집단지성을 통하여 혁신을 이끌어낼 수 있느냐에 따라 성공 여부가 달라진다.

2. 메타버스가 가는 길

메타버스는 새로운 문화를 만들어나갈 것이다

문화는 사회와 국가를 연결하는 끈이다. 문화는 인간 집단이 만들어낸 모든 생활양식과 상징체계라 할 수 있다.[12] 문화는 우리가 상호작용을 하면서 광활한 우주와 우리 행성 그리고 예술, 음악, 음식부터 언어, 종교, 가치관, 도덕 규범에 이르기까지 모든 것을 이해하는 나침반이 되어 준다.[13] 메타버스는 디지털 기반의 세계를 만들어나가면서 새로운 문화를 창출하는 통로가 될 것이다. 메타버스는 세계를 연결하고 국가를 뛰어넘는 새로운 문화 공동체를 형성하게 하고 세계화를 가속화 하는 문화혁명을 초래할 수 있다.

메타버스는 산업의 경쟁력을 바꾸어나간다

인공지능AI과 사물인터넷IoT 기술을 이용한 디지털 트윈digital twin을 만들고 메타버스 환경을 구축하여 실시간으로 스마트 팩토리의 문제점을 보완하고 개선할 수 있다. 많은 효율적 센서 기술이 뒷받침되어야 한다. 여기에는 사물인터넷, 가상 현실, 인공지능 등 다양한 기술들이 통합되고 융합되어 활용된다. 글로벌에 흩어져 있는 해외 공장의 관리에도 메타버스는 업무를 효율화하고 공장의 진행 상태와 문제점을 즉각적으로 해결할 수 있도록 발전할 것으로 전망된다.

메타버스 플랫폼은 글로벌 전자상거래에 대한 접근성을 높일 것이다

최근에 디지털 소비자 수가 증가하여 2020년에는 23억 5천만 명 수준에 이르렀으며, 2021년에는 약 24억6천만 명에 이를 것으로 전망된다. 이는 14세 이상 전 세계 인구의 31.6%에 해당한다.[14] 특히 SNS를 이용한 인터넷 플랫폼 상거래가 증가하고 있다. 2021년 SNS를 이용한 상거래 비중은 중국 51.5%, 러시아 49.5%, 미국 43.0%이다. 한국은 아직 활발하게 이루어지지 않고 있어 10위권 밖이다.15 해외 상거래 기업은 메타버스 플랫폼을 활용하여 플랫폼 내에 현지인을 고용하고 마켓팅, 회계, 법률 등 해외에 가지 않고도 메타버스 공간 안에서 할 수 있게 된다.

메타버스는 지속 발전하고 있는 기술과 접목하여 인간의 오감을 느낄 수 있도록 하는 등 현실과 거의 같은 경험을 제공하여 나갈 것으로 예상된다. 기존의 물리적 장벽을 넘어서는 경험을 제공하여 기존 상거래 시스템을 대체하여 나갈 것으로 전망된다. 기존의 결제 시스템을 대체하는 탈중앙화된 다양한 암호화폐의 발전도 글로벌 전자상거래를 촉진할 것으로 예상된다. 국가 간 외환 관리 문제, 환율 문제, 물류 인프라 등 해결되어야 할 문제는 많다. 인터넷 환경의 변화, 각종 디바이스의 발전은 이 시기를 앞당길 것이다.

메타버스는 교육과 관광 산업에도 많은 영향을 미칠 것으로 예상되다

메타버스 환경이 이루어지면 경험을 언제, 어디서나 편리하게 할 수 있다. 지금까지의 교육은 이론 위주로 되어 있어서 실제 현장에서 부딪히는 문제에 대한 해결 능력이 부족한 면이 없지 않다. 메타버스가 활성화되면 가상 공간에서 모든 체험이 가능하여 교육의 효과를 높일 수 있다.

메타버스 교육은 학습 효과를 높일 수 있는 다양한 게임적 요소를 가미할 수도 있고, 개별 맞춤형 교육도 가능해지며, 지역을 넘어서 다양한 네트워크 구축이 가능하다. 현재는 메타버스 플랫폼 내 다양한 학습 활동이 본인이 꾸민 아바타의 형태로 진행되고 있지만, 실제 교육 현장처럼 구현해나갈 것으로 예상되며 지역 공간을 넘어선 새로운 교육 환경을 만들 수 있다.

메타버스는 관광 산업에도 새로운 변화가 일어난다. 메타버스를 통하여 사전에 관광지를 방문하여 사전 경험을 할 수 있고, 메타버스 맵을 통하여 미리 보면서 예약하고 모든 것을 체험한 후 실제 관광을 함으로써 기존과는 다른 준비된 관광 경험을 할 수 있다. 정부와 지자체는 관광을 활성화하기 위하여 지역 내 관광지에 대한 자체적인 맵 개발 등 메타버스 발전에 따른 새로운 관광정책 수립이 필요하다.

메타버스는 통신 인프라, 관련 디바이스의 편의성과 가격 등의 대중화, 다양한 콘텐츠 등이 결합되고 사회·경제·문화 등의 변화가 함께 이루어지면서 지금까지 상상해왔던 새로운 세상을 현실로 만들어나갈 것이다.

2장
4차 산업혁명과 메타버스

모든 혁명에는 승자와 패자가 있다.
모두가 이익을 얻는 시대를
위해서는 기술에 대한 이해와
새로운 사고가 필요하다.
(세계경제포럼 회장, 클라우스 슈밥)

1. 4차 산업혁명과 디지털 전환

메타버스로 떠나는 디지털 문명 전환의 시대

대학생 김문명은 수업에 참석하기 위하여 오늘도 집에서 노트북을 연다. 학교 전산망에 로그인하고 해당 수업인 컴퓨터 개론 교양과목의 시작에 맞춰서 입장한다. 오늘은 특별히 퀴즈가 있는 날이어서 스마트폰을 시험모드로 셋팅하느라 번잡하기도 했지만, 비대면 수업을 마치면 실험·실습 전공과목에 참여하기 위하여 학교에도 가야 하는 일정이 이어지기 때문에 마음이 바쁘게 느껴지는 것은 사실이다. 하지만 어쩌겠는가 싶기도 하다. 글로벌 팬데믹으로 인해서 편안한 일상이 없어지고 비대면 수업과 대면 학습을 병행하기도 해야 하는 현실 때문이다.

또한 새내기 직장인 이전환은 저녁에 있을 모임 준비에 마음이 무겁다. 불가피한 모임이어서 준비하고는 있지만, 신경 써야 할 것들이 많기 때문이다. 우선 맛집이면서 사람이 많지 않아 보이는 식당을 어렵게 예약하고 이를 단톡방에 공지한다. 특별 이벤트로 준비한 고급 와인을 마실 예정이어서 전철역과 길 찾기 앱으로 약속 장소까지 이동한다. 처음 본 멋진 메뉴와 모임 사진을 업로드 공유하며 행복함을 잠시 느끼고 이어진 모임 시간을 서둘러 마무리한다. 내일 처음 시작하는 메타버스 포럼 준비가 마음에 걸리기 때문이다. 우선 유튜브로 동향을 살펴보고 트렌드에 뒤처지지 않았다고 자부하면서 잠이 든다.

이 사례처럼 우리는 디지털 문명과 빠르게 변화하는 기술의 흐름 속에서 살아간다. 컴퓨터를 주로 활용한 인터넷 세대에서 스마트폰과 게임을 즐겨 하는 밀레니얼 세대Millennial Generation와 Z세대Generation Z가 사회에 진입하면서 가상 세계와 현실 세계를 넘나드는 것은 이제 일상이 되었다.

모든 것이 변하고 있다. 혁명의 시대다. 혁명은 기존의 제도와 관습,

상식을 무너뜨린다. 새로운 시대가 열린다. 제대로 대처하지 못하면 옛 것은 사라져가는데 새로운 것은 오지 않는 위기의 시대를 맞이할 수도 있다.16 4차 산업혁명은 기존의 혁명과 다른 점이 있다. 1차부터 3차 혁명은 모든 부문이 성장기였다. 인구는 늘었으며, 새로운 영토가 확장되었고, 경제는 고성장을 의미했다. 지구 환경 보호를 위한 관심도 크지 않았다. 오늘날은 인구는 줄고 있으며, 고령화 추세가 뚜렷하고 세대 간 갈등은 높아지고 있다. 경제는 저성장으로 완연히 접어들었다. 우리의 터전인 지구도 환경 오염 등으로 신음하고 있다.

클라우스 슈밥Klaus Schwab의 말처럼 혁명은 승자와 패자를 낳는다. 산업혁명은 영국을, 지식혁명은 미국을 초강대국으로 올려놓았다. 4차 산업혁명의 승자는 새로운 시대를 이끌게 될 것이다. 우리가 승자가 되기 위해서는 국가와 민간 모두가 협력하여 기존과는 다른 새로운 시각으로 준비해 나가야 한다.

2. 디지털 전환과 메타버스

4차 산업혁명의 기반에는 디지털 세계가 있다. 이 디지털 세계를 이끌어 가는 것이 메타버스다. 이처럼 4차 산업혁명 시대의 출발로 본격화된 문명과 기술의 디지털 전환은 이제 포스트코로나 시대Post corona period로 진입하면서 글로벌 시장의 생태계 포지셔닝positioning 확보를 위한 새로운 경제 전쟁이 시작되었다. 즉, 메타버스로 촉발되는 디지털 기술 전환이 가속화되고 있다(그림2-1).

4차 산업혁명과 포스트코로나 시대의 생태계 변화

포스트코로나 시대의 미래 지향적 기술을 이해하려면 4차 산업혁

구분	4차산업혁명				포스트 코로나 시대에 변화하는 디지털 문명의 플랫폼	
	1차 산업혁명	2차 산업혁명	3차 산업혁명	4차 산업혁명	코로나19 바이러스 발견	기후재앙을 대비하는 시대
특징	증기기관의 발명으로 기계적 장치에서 제품을 생산	전기기관 발명으로 대량 생산이 가능, 노동력 절약	정보통신 발달로 생산이 자동화됨. 사람은 생산라인 제어	IoT, AI, 빅데이터, 로봇 발달로 다품종 생산 가능, 센서 및 융합 기술로 초연결, 초지능화 도래	기존 글로벌 생태계는 선진국 보유 한 독점기술 위주 ▶ 코로나 이후는 신규 질서 도래, 철저한 준비 필요 *K-코로나주사기	기후재앙을 피하는 법: 제로탄소, 그린에너지, 농업/산업/핵 분야 탄소중립 솔루션 등의 트렌드출현
이미지					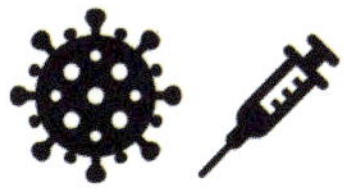	
시대순	18세기	19세기~20세기 초	20세기 후반	21세기 초반~	2020년대	2030년대
기술	방적기	대량생산	자동차, 컴퓨터	AI, 빅데이터, 스마트폰	위생시대, 새로운 플랫폼	탄소중립의 시대
동력원	석탄	석유, 전기	석유, 전기	신재생에너지	그린에너지	수소전기차
수송기기	기차	자동차, 기차	비행기, 자동차	드론, 자율주행차	미래형 Mobility	탄소중립 모빌리티
물류	철도	철도	고속도로	스마트도로	Hyper Mobility	탄소중립 물류
통신	전신	전화	반도체, 컴퓨터	5G, IoT	5G/6G	6G

그림2-1 **4차 산업혁명과 포스트코로나 시대의 흐름, 저자 작성**

명 이전의 기술 변천을 먼저 살펴보고 이를 바탕으로 트렌드를 생각해야 할 것이다. 1차 및 2차 산업혁명은 증기기관, 전기, 대량생산형 자동화 기계를 고안했다. 1차 산업혁명 이전에는 농경 사회 중심의 체계여서 기본적으로 자급자족의 문화였다. 반면 1차 산업혁명 시대에서는 기계를 만들고 그것을 기반으로 2차 산업혁명에서는 전기를 통한 대량생산과 자동화 개념이 도입되었다. 소규모 생산방식인 가내 수공업에서 대량 생산 체제로 바뀐 것이고 모든 생산품 가격이 내려가는 효과가 있었다.

3차 산업혁명에서는 인터넷이 개발되고 특히 웹 브라우저가 개발되면서 글로벌 인터넷망이 형성되었다. 이전에는 전자제품인 텔레비전, 라디오와 출판물인 신문과 잡지를 통해서 단순 정보 전달을 하였고 가구거리, 전자상가, 부품 및 전문 상가와 같은 제한적 물리 공간을 통하여 상거래가 이루어졌다.

글로벌 인터넷 체계가 형성되면서 모든 것이 달라졌다. 지금은 플랫폼 경제의 큰 축으로 새벽 택배가 일상처럼 흔하다. 온라인 주문이 활성화되기 시작했다. 즉, 택배를 통한 배송 시스템과 소비자 중심 구매 패턴의 큰 변화가 시작됐다. 아마존과 같은 거대 유통 플랫폼이 이전의 대규모 제조나 개발 회사를 거느리는 생태계로 바뀐 것은 디지털 문명의 결과라고 볼 수 있다. 이것을 뒷받침한 것은 항상 연결이 가능한 스마트폰을 꼽을 수 있다. 인터넷이 가능한 소형 컴퓨터인 스마트폰은 이제 일상생활의 동반자가 되었고, 누구나 한 번쯤은 스마트폰을 분실하고 나서 난처한 경험을 직접 또는 간접적으로 겪었을 것이다. 이젠 스마트폰 없는 일상은 상상하기 어렵다.

4차 산업혁명을 시계열 형태로 보면 증기기관 중심의 1차 산업에서 전기와 철도 중심의 2차 산업으로 이어지고 컴퓨터와 인터넷이 발달하는 3차 산업과 스마트폰을 중심으로 인공지능과 같은 새로운 산업이 펼쳐지는 4차 산업으로 구분된다. 이는 기술 흐름 측면에서는 컴퓨터 - 인터넷 - 스마트폰 - 새로운 플랫폼으로 이해할 수 있다. 경기 흐름으로 보자면 18세기~19세기의 전쟁과 냉전 시대 - 20세기의 중국 개방과 글로벌화 - 21세기 불확실한 글로벌 팬데믹의 충격 시대로 연결된다. 시장경제는 자유시장경제와 사회주의 경제 시대 - 신자유주의 시장경제 - 플랫폼 경제와 공동체 자유주의로 나누어볼 수 있다.

4차 산업혁명 시대에 접어들면서 새로운 혁명 시대에 정착도 하기 전에 코로나19 바이러스가 촉발한 글로벌 팬데믹 시대, 즉 포스트코로나 시대는 모든 일상생활과 국가 전체의 경영 환경에 재정립과 전환을 요구하고 있다. 포스트코로나 시대에서는 이전 선진국이 보유한 독점기술 위주의 산업 체계로부터 신규 산업 질서와 새로운 플랫폼 위주의 산업 체계로 전환이 예상된다.

또한, 기후 변화에 대비한 탄소 중립Net Zero 산업으로의 체질 개선이 요구되면서 스타트업과 기관, 대학들에게도 새로운 교육·연구 개발 경영 전략이 요구된다.17 즉, 코로나19에 따른 글로벌 팬데믹의 영향으로 자체적 역량이 한계점에 다다른 현재와 불확실성이 더 확대되는 미래 경영 환경을 고려할 때 이전보다 어려움이 더 커진다고 볼 수밖에 없다(그림2-2).

　이처럼 가속화되고 있는 디지털 전환의 흐름을 산업 패턴의 문명 변환 개념으로 종합적으로 정리하면 4차 산업혁명으로 인한 인공지능, 빅데이터 등의 산업전환과 코로나19와 같은 글로벌 팬데믹의 영향으로 줌ZOOM·메타버스와 같은 비대면 커뮤니케이션의 중요성이 더욱 커졌으며, 디지털 혁신 주기도 더욱 짧아지고 있다. 특히 교육은 비대면 형식의 도입으로, 같은 공간 안에서 모여서 수업과 회의를 하는 기존 방식의 효율성에 대한 문제 제기도 받고 있다. 효율적인 학습 기법을 위한 교육 개선 방법으로 기존의 대면 수업과 블렌디드 러닝Blended Learning 기법을 활용한 학습비교 연구를 제시하거나, 상담 컨설팅과 온라인 콘텐츠 강화 등을 활용한 학습 효과 증진 인프라 구축 지원, 테크놀로지의 적절한 활용과 플립 러닝flipped learning의 효과 활용 등처럼 학습 목표를 이루기 위한 학습체계 변화의 필요성을 다양하게 말하고 있다.18 이제 대학과 기관의 교육 변화를 통한 경쟁력 확보는 생존을 위한 필수요인이다(그림2-3).

　최근에 싸이월드cyworld는 새로 개편을 하면서 재단장을 선언하고 나섰다. 메타버스의 4가지 관점19에서 보면 싸이월드는 당연히 메타버

그림2-3 새로운 도전, K-챌린지 MZ세대의 도전, 저자 작성

스의 중요한 섹터임을 알 수 있다. 싸이월드가 재개장을 하면서 환불을 통해 수십억 원을 지급했다는 뉴스 보도를 볼 수 있었고, 도토리라는 그때의 향수에 어린 키워드를 돌아보게 한다.

메타버스의 개념은 이전부터 있었지만 시대의 흐름에 따라 키워드가 달랐고 이를 뒷받침하는 기술의 발전 속도에 있어서 타이밍의 편차가 있었다고 볼 수 있다. 거래수단으로서의 도토리 역할을 현재 메타버스 생태계에서는 디지털 세계 안에서 경제의 한 축을 담당할 것으로 예측되는 비트코인이나 NFT(Non-Fungible Token) 등 가상 자산과 연계하여 생각할 수 있다.

이처럼 가상 세계와 현실 세계로 동반 진입하는 현실의 문이 현금 같은 재화로 전환이 가능한 새로운 생태계에 관심이 몰리고 있다. 돌이켜보면 우리의 게임 아이템은 시간이 흘러 이더리움을 탄생시킨 배경이 되기도 했다.

3장

통신(정보통신) 인프라의 발전과 메타버스

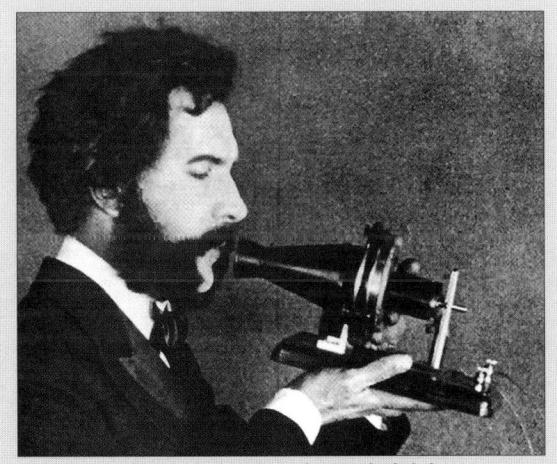

한쪽 문이 닫히면 또 다른 문이 열린다.
(알렉산더 그레이엄 벨, 1847~1922)

1. 연결의 시작

통신 인프라는 인체의 혈관과 비슷하다. 인체의 혈관에 문제가 있다면 건강에 영향이 있다. 통신도 마찬가지로 시스템, 통신망 등에 문제가 생기면 통신 네트워크와 연결된 사회의 모든 부문이 원활히 돌아가지 않게 된다. 통신은 네트워크의 축이며 통신 인프라의 발전은 바로 그 사회, 국가의 경쟁력으로 이어진다. 현재는 통신(정보통신)의 실시간인 혁명적 발전을 활용하여 인간의 삶의 주축을 이루는 과학, 기술, 산업, 생활환경, 지식 등이 융합되고 통합되는 디지털 대전환의 시대에 살고 있다. 이는 통신(정보통신)기술을 기반으로 공간의 융합과 변화가 이루어지고 있으며 미래 사회에 새로운 가치의 변화를 인식하게 된다.

정보 전달의 흐름을 바꾸다. 통신의 발달

통신Communication이라 지리적으로 떨어져 있는 다른 장소, 다른 상대방, 다른 대상 간 매체를 통해 신호를 교환하며 정보Information를 주고받고 소통하는 것이다. 정보를 전달하고 소통하는 수단과 방법은 사람, 통화, 신호, 우편, 정기적인 약속에 따른 방법 등이 있다.

초기에는 주로 음성신호를 전달했으나 컴퓨터의 발전과 정보의 양이 많아지면서 데이터통신으로 발전했고 특히, 동영상 데이터가 많아지면서 인터넷 데이터 트래픽traffic이 폭주하게 된다. 이런 많은 데이터 처리를 위해 데이터를 압축하고 빠르게 전송할 수 있는 기술이 개발되고 음성신호도 데이터로 변환해 데이터 통신 방식으로 전송한다. 이동통신도 음성통신과 데이터통신이 통합되었다.

오늘날의 통신은 전기적 신호와 전파를 사용함으로써 실시간 통신이 가능하고 다수의 사용자User가 동시에 정보를 주고받을 수 있다. 이는 통신 정보가 디지털화되어서 추가적인 비용 없이 무한 복제도 가능하게 되었기 때문이다.

　전기가 발명되기 전까지는 먼 거리는 사람이 직접 정보를 전달하는 역할을 했다. 정보를 신속하고 효과적으로 전달하기 위하여 대부분의 국가에서 역참驛站을 운영했다. 역참은 전통 시대 공공 업무를 수행하기 위하여 설치된 교통 통신 기관으로 국가의 명령과 공문서의 전달, 변방의 긴급한 군사 정보 및 외국 사신 왕래에 따른 영송迎送과 접대, 그리고 공공 물자의 운송 등을 담당하였다.20 역참 시대에 주요 동력은 말馬이었다. 역참은 지금의 간이역과 비슷하다. 우리나라에서는 삼국시대부터 운영한 것으로 나타난다. 역참은 국가 정보통신의 기반이었다. 전기의 발명은 정보 전달의 패러다임을 바꾸었다.

　통신은 유선통신Wired과 무선통신Wireless으로 구분된다. 유선통신은 전화선, 케이블 등을 사용하고, 무선통신은 전파를 이용한다. 유선통신은 일반적으로 와이파이WiFi를 통한 무선통신으로 연결된다.

선으로 이어진다. 유선통신의 발전

　전기를 이용한 통신은 사무엘 모르스Samuel Morse가 1844년 전선을 통하여 신호를 전달하면서 전신이 시작되었다. 이때는 모르스 부호Morse Code 전송으로 간단한 구조의 전신기를 사용해서 64킬로미터 거리에서 신호를 보내는 것에 성공한다. 이후 1876년 알렉산더 그라함 벨Alexander Graham Bell이 전화기를 발명하면서 유선통신이 시작되었다.

　전기를 이용한 전신은 전화 발명으로 이어졌고, 무선전신은 전자기파의 존재를 제임스 맥스웰James Clerk Maxwell이 최초로 예측했고 하인리히 헤르츠Heinrich Rodolf Hertz가 실험을 통해 입증함으로써 시작되었다. 이러한 무선전신을 기반으로 오늘날의 라디오, 텔레비전 방송이 가능하게 되었고, 현재는 이동통신 시대에 있다.

　우리나라에 전기통신이 도입된 것은 1885년에 인천과 서울 간 전신

시설이 설치되면서 시작되었다. 1960년부터 통신기술 기반 확충을 위한 개발이 적극 추진되면서 1962년에 자동식 전화교환기 생산, 1965년에 텔렉스 교환기가 설치되었다. 1967년에는 마이크로웨이브 통신망이 개설되었다. 1970년 위성통신 지구국이 개통되었고 1971년 서울과 부산 간 장거리 전화가 개통되었고, 1979년에 전자식 교환기가 운용되었다.

사람 간의 음성통신(전화), 문자통신(전신)으로 정보와 전파 공유와 함께 이어 컴퓨터가 태동하였고 저속의 데이터 전송(직렬통신), 고속의 데이터 전송(병렬통신)이 가능해졌다. 컴퓨터와 주변기기를 중앙처리장치CPU:Central Processing Unit와 연결하게 되면서 인터넷으로 발전되었고, 네트워크와 연결되면서 현재의 인터넷에 이르고 있다.

소리, 빛, 전기 등 원래 가지고 있는 파장을 그대로 갖는 것을 아날로그 방식이라고 한다. 아날로그 방식은 자연에서 생성된 파장을 가능한 한 그대로 이용한다. 디지털은 이를 숫자 0과1를 사용하여 인위적인 신호로 바꾸어 표현하다. 모뎀MOdulation DEModulation은 가장 기본적인 데이터 통신장비로서 전화선이나 전용선을 연결하여 아날로그 신호를 디지털로 변환하여 수신하고 디지털 신호를 아날로그로 변환하여 송신한다.

1980년대 PC통신은 1,200bps모뎀으로 시작된다. bps는 bits per second의 약자로, 송수신할 수 있는 데이터 전송 속도의 단위를 말한다. 컴퓨터 정보처리 단위인 바이트byte와 대응하면 8비트bit는 1바이트가 된다. 1바이트는 영문 한 글자를, 2바이트는 한글 한 글자에 해당한다. 1,200bps는 1초에 75개 한글 문자를 수신할 수 있다. 1Kbps는 1,000bps, 1Mbps는 1,000Kbps, 1Gbps는 1,000Mbps로 환산된다. 최근 5G가 1Gbps 속도를 구현한다고 말하는 데 이는 1980년대에 비하여 약 10억 배 정도 빨라졌다고 볼 수 있다.

속도는 사용하는 환경에 따라 다르게 나타난다. 고속도로에서 최고 속도가 시속 110킬로미터라 하더라도 차량이 많아지면 시속 60킬로가 되는 것과 비슷하다. 통신망 인프라의 수준도 속도에 영향을 미친다. 마치 2차선 도로에서보다는 4차선 도로에서 차가 더욱 빠른 속도를 낼 수 있는 것과 같다.

지연 시간도 중요한데, 지연 시간은 반응시간으로 볼 수 있으며 밀리세컨드ms, milli second)라는 단위로 표시한다. 이는 1,000분의 1초를 말한다. 눈을 깜빡할 때 걸리는 시간은 대략 300~400ms로 0.3초 내외로 볼 수 있다. 현재 5G는 사물인터넷Internet of Things 등을 지원하기 위하여 지연 시간을 1ms(0.001초) 이하로 유지하는 목표를 갖고 있다.

공간을 넘어서다. 무선, 이동통신의 발전

무선통신Wireless Communication은 지리적으로 떨어진 다수의 지점 간 전기 선로(즉 유선)없이 전파를 이용하여 상호 간 정보를 송수신하는 기술이다. 무선통신은 전자기파(전파)를 이용한 통신 방법과 기타 방법(음파, 초음파, 적외선 등)을 모두 포함한다.21

유선통신에서도 고속 데이터 전송과 수많은 기기를 동시에 연결해서 사용할 수 있으나, 제한적인 통신 기능만 가능하고 케이블, 부자재 등 많은 번거로움과 비용이 든다. 반면 무선통신의 모바일 기기들이 개발되면서 특히, 셀룰러 폰과 외부 기기들을 연결하고 무선랜과 블루투스 등을 통하여 무선통신 서비스가 가능해졌다. 무선통신의 활용은 시기적으로 보면 1960년대에서 1970년대에는 주로 군과 경찰에서 주로 사용했으며 1980년대에 주파수 효율이 좋은 셀룰러 이동통신 기술이 개발되면서 사용자가 급증하게 되고 실시간 이동통신 기술의 발전과 함께 현재에 이르고 있다.

이동통신은 정보가 전송되는 매체로 전파를 이용하여 단말기가 이동하면서 통신이 가능한 기술이다. 즉 이동통신 기지국22(BS, Base station)과 단말기(MS, Mobile station) 간 전자파Electromagnetic Signals를 송수신하여 정보를 교환하는 것으로 이동통신 시스템은 전파를 송출하는 기지국이 있고, 코어망Core Network에서 단말기의 이동성을 관리하는 기능 등이 있다(표3-1).

표3-1 **통신의 분류**

분류 기준	통신의 종류
전송 매체	유선통신, 무선통신, 위성통신, 광통신
전송 내용	음성통신, 데이터통신
전송 방법	직렬통신, 병렬통신
전송 속도	저속통신, 고속통신, 초고속통신
기 타	이동통신, 컴퓨터통신, PC통신

현재 통신(정보통신)은 다른 영역과의 융합기술, 융합 서비스로 발전하고 있다. 정보통신 기술은 정보처리 기술(IT)과 통신 기술(CT)을 결합한 것이다. 여러 단말장치를 통신망에 접속하여 데이터를 전송하고 처리하며 교환하는 통신 체계를 말한다.

정보통신은 현대 사회의 중요한 기본 인프라다. 정보통신의 발달에 따라 산업 전반에 새로운 융합산업이 발전하고 다양한 기기 간 연결이 세밀하게 이루어지면서 사회와 경제를 포함하여 생활의 모든 영역에서 새로운 기술과 서비스를 창출하고 생활양식까지 변화시키고 있다.

정보기술Information Technology, 나노기술Nano Technology, 생명공학기술Bio Technology, 문화기술Cuture Technology, 환경공학기술Environment Technology, 우주과학기술Space Technology 등 일정 영역에 한정되어 있지 않다. 기존에는 연결되지 않았던 다른 분야의 기술을 서로 융합하여 새로운 기술, 서비스를 창출한다. 정보통신 기술은 다른 영역과의 융합, 즉 사물과 정보통신 기술의 융합, 공간과 정보통신 기술의 융합기술이 활발히 진행되면서 인간 중심형 기술로 변화하고 있다.

기술 발전에 따라 통신(정보통신) 보안Security이 절대적으로 요구된다
일반 생활이나 자동차, 금융 시스템 등 모든 영역에서 네트워크가 연결되고 있어 보안은 산업의 발전과 사회의 안정성을 담보하는 중요한 요소다. 기술이 발전해가는 만큼, 이에 따라 정보, 시스템, 재산 보호를

위한 보안 기술도 발전해야만 되며 특히 네트워크 보완, 애플리케이션 보완, 데이터베이스 보안, 시스템 보안 및 최종 장치 보안 등이 요구된다. 최종 장치 보안이란 단말, 즉 PC, 모바일, 웨어러블 기기 등 최종 포인트 장치를 의미하며 기본적으로 백신, 안티바이러스, 방화벽 구축 등이 있다.

우리나라는 안전한 정보통신망 환경을 조성하는 것을 목적으로 하며 정보통신망 이용 촉진 및 정보보호에 관한 법률이 제정되어 있다. 현재 개발되고 있거나 차세대 보안 기술로는 블록체인을 통한 안전한 거래, 양자 암호 통신, 인공지능 주도형 보안 시스템 등이 있다.

2. 연결의 확대, 이동통신의 발달

가속화되는 이동통신의 발달

1980년대 이동통신Wireless Mobile communications이 본격화된 이래로 인터넷의 발전과 함께 급속하게 발전되고 있다. 이동통신은 1G로 시작된다. G는 세대Generation의 약자다. 세대의 변화는 기존과는 다른 기술의 발전과 혁신을 주로 10년을 주기로 새롭게 전환되고 있다.

이동통신이란 사용자가 자유롭게 이동하는 중에도 무선으로 지속적인 통신이 가능한 시스템이며 주파수 공용통신, 위성 무선통신, 셀룰러 이동통신으로 분류할 수 있다. 특히 무선 셀룰러 이동통신은 서비스 대상 지역을 작은 크기의 셀cell로 나누어 각 셀마다 셀의 중심에 기지국base station을 두고서 그 셀의 영역에 존재하는 사용자들은 해당 기지국과 통신하는 방법을 사용하여 모든 사용자User에게 서비스를 하게 된다.

이동통신은 주파수 효율을 높이고 SMSShort Message Service 등이 가능

표3-2 세대별 이동통신 서비스 및 기술 특성

세대 (년도)	서비스 특성	기술특성23	네트워크 관리
1G (1980년대)	아날로그 음성서비스	AMPS	
2G (1990년대)	디지털 음성서비스, 문자서비스 (주파수 효율성이 높은)	GSM IS-95A	
3G (2000연대)	무선데이터, 동영상 서비스,	CDMA W-CDMA	
4G (2010년대)	더 빠른 무선데이터 서비스 (고화질 멀티미디어 서비스)	LTE	가상화
5G (2020년대)	초고속, 초저지연, 고신뢰, 초연결성 (사용자 경험속도 0.1Gbps)		부분 지능화
6G (2030년대)	5G보다 (사용자 경험속도 10배 빠른 1Gbps) 속도		지능화 (AI기반)

출처:정보통신기획평가원, 구글을 참조하여 재작성

* AMPS: Analog Mobile Phone System, GSM:Global System for Mobile Communications, IS-95A: cdma One Interim Standard-95
CDMA: Code Division Multiple Access, W-CDMA: Wideband-Code Division Multiple Access, LTE: Long-term Evolution,

한 2세대, 효과적인 방식으로 패킷 데이터*Packet Data서비스가 제공되는 3세대, 패킷 데이터 속도를 증가시킨 4세대로 발전되었다. 그리고 2010년 이후 이동통신을 활용한 4세대 대비 데이터 속도 증가, 많은 사물인터넷IoT, internet of things 디바이스 수용, 저지연 통신 등을 개선한 5세대로 2020년 상용화되어 지속적으로 고도화되고 있다. 또한 초성능, 초대역, 초정밀, 초신뢰, 초지능, 초공간을 가능하게 될 6G와 6G 융합된 기술들이 개발 준비되고 있다(표3-2).

우리나라의 이동통신은 1984년 AMPS를 상용화한 이후 1996년

---

* 데이터 패킷이란 데이터의 전송량을 표시하는 단위로, 1패킷은 512바이트에 해당한다.

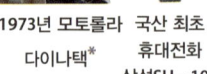

1973년 모토롤라 다이나택* 　국산 최초 휴대전화 삼성SH-100　　2세대~3세대 휴대폰　　　　　　4세대~현재 휴대폰

그림3-1　초기 휴대전화와 현재의 휴대폰 진화 과정
출처: 삼성전자 홈페이지

　　CDMA시스템을 세계 최초로 상용화하면서 전 세계적으로 이동통신 기술 우위를 확보하게 되었다. CDMA 시스템의 세계 최초 상용화는 전 세계의 레퍼런스Reference가 되었으며, 이를 기반으로 우리나라의 이동통신 기술은 이후 4세대, 5세대, 향후 6세대 시스템, 단말기 등 기술적인 측면에서 세계 선두를 유지할 수 있게 된다(그림3-1).

　　이동통신은 사용자가 고정되지 않으며, 사용자의 수, 사용량 등이 일정하지 않아 이를 효과적으로 관리하고 효율성을 높이기 위하여 다양한 기술을 사용하고 있다.

　　〈다중 접속 방식Multiple Access〉

　　다중 접속 방식은 다수의 단말이 자원을 공유하여 접속하는 방식이며 주어진 시간, 공간, 코드 등을 여러 사용자가 공동으로 사용할 수 있는 기술이며 주파수 분할방식(FDMA Frequency Division Multiple Access), 시분할방식(TDMA Time Division Multiple Access), 코드분할방식(CDMA Code Division Multiple Access), 직교 주파수 분할 다중 접속방식(OFDMA Orthogonal Frequency Division Multiple Access)으로 구분한다(그림3-2).

　　FDMA 방식은 주어진 전체 주파수 대역폭에서 가입자별로 주파수

＊　연속통화 1시간, 대기시간은 8시간이 소요되었다.

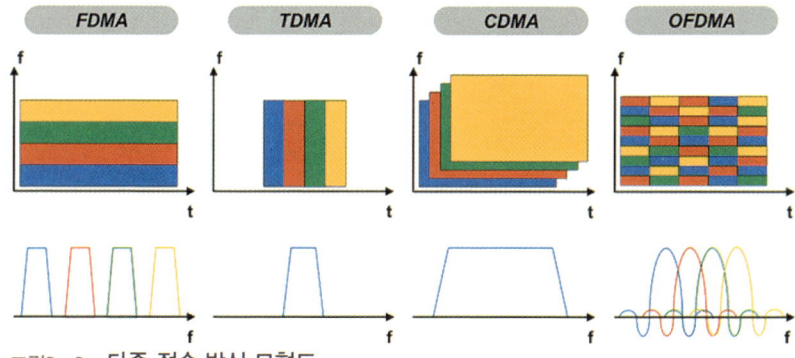

그림3-2 다중 접속 방식 모형도
출처: 삼성전자 이동통신 세미나 자료를 활용하여 저자 재작성

를 나누어서 사용하는 방식이다. TDMA 방식은 주어진 주파수 폭에서 시간별로 가입자를 나누어서 사용하는 방식이다. CDMA 방식은 정해진 주파수 대역폭에서 각 사용자를 코드Code로 구분하는 방식이다. OFDMA 방식은 FDMA 방식에서 인접하는 부반송파 서브 캐리어Sub Carrier를 중첩 시키는 기술이며 서로 직교Orthogonal한다는 의미로 수천, 수만 개로 병렬 전송되는 부반송파 간에 간섭이 발생하지 않는 것이다.

예를 들면 OFDM은 하나의 트럭에 하나의 사용자 정보만 전송하는 반면 OFDMA는 하나의 트럭에 다수의 사용자 정보를 전송한다. 샤워기로 예를 든다면 샤워기의 물줄기는 작은 물방울이 순차적으로 수없이 쏟아진다. 각 사용자에게 주어진 시간에 전송되는 데이터는 하나의 적은 물방울이며, 데이터를 많이 수신하는 사용자는 주어진 시간 내에 수많은 물방울을 받게 되는 것과 같다.

이동통신의 핵심 기술은 고속 데이터를 구현하기 위한 반사파 처리 기술이라 할 수 있으며 이동통신 전파의 99%는 반사파라해도 과언이 아닙니다. 데이터가 고속화될수록 반사파에 의하여 인접 비트(심볼)간 간섭의 급격한 증가로 데이터 고속화의 기술적 장벽이 발생한다(그림3-3).

LTELong-Term Evolution에서는 반사파를 제한적으로 처리하는 CDMA

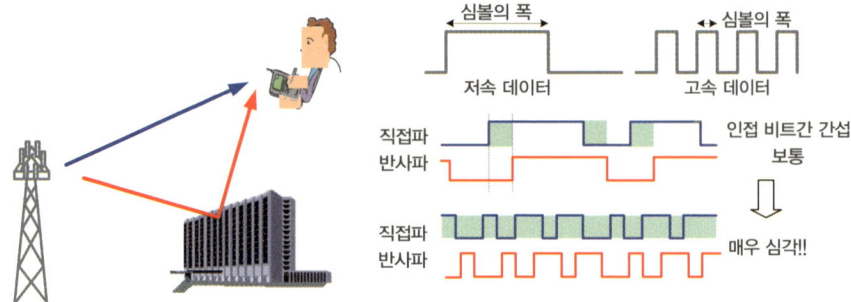

그림3-3 **직접파와 반사파형**
출처: 이상근 저, 『EASY LTE』, 한빛아카데미, 2016.8을 참조하여 재작성

기술의 한계를 극복하기 위해 CDMA 대신 반사파 환경에서 고속 데이터 전송이 가능한 OFDM 기술을 채택하였다. CDMA에서 높은 데이터 속도Data Rate를 구현하기 위해서는 반사파들 시간지연을 보상하는 이퀄라이저*equalizer 구현의 복잡도가 커지는 문제가 있다. 이를 고속 데이터를 여러 개의 저속 데이터로 병렬 전송하는 OFDMA의 기술을 활용하여 고속 데이터 전송률High Data Rate을 실현한 것이다.

〈핸드오버Handover〉

핸드오버Handover는 셀 간 이동하더라도 기지국이 바뀌면서 동일한 서비스를 끊김이 없이 계속 받을 수 있게 하는 기술이다. 핸드오버는 주로 단말기에서 수신되는 각 기지국의 전계 강도(전파세기)를 기준으로 결정된다. 단말기가 Cell 1에서 Cell 2방향으로 이동할 때 Cell 1의 전계강도는 점점 약해지고 Cell 2의 전파세기는 강해지기 시작한다. 단말기는 이러한 전계 강도를 기지국에 알려주고 적정한 수준의 임계점에서 단말

---

* 등화기(等化器)라 하며 대역 제한, 다중경로에 의한 채널 왜곡(펄스 분산, ISI)에 대응하기 위한, 신호 처리 또는 필터링을 말한다(출처: 정보통신기술 용어해설)

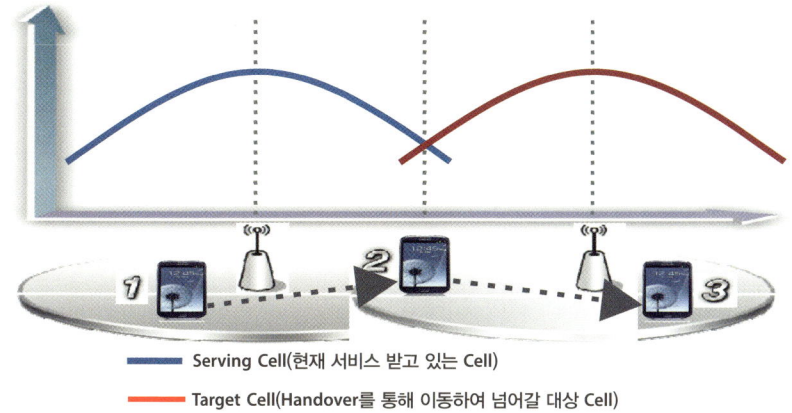

그림3-4 핸드오버 Cell 이동
출처: 삼성전자, 이동통신 세미나 참고하여 재작성

기와 연결되는 기지국을 Cell 1에서 Cell 2로 이동하게 하여 서비스가 계속 가능해진다.

〈셀 간 주파수 간섭Interference과 주파수 재사용Reuse〉

셀 간 주파수 간섭과 주파수 재사용 기술은 동일한 주파수를 사용하는 셀 간의 상호 간섭으로 성능이 저하되게 되는 현상을 주파수를 재사용하여 한정된 주파수 자원을 주어진 동일 시간에 많은 가입자에게 서비스를 제공하는 기술이다.

〈주파수 묶음 기술, CA Carrier Aggregation〉

주파수 묶음 기술(CA)은 두 개 이상의 주파수를 하나로 묶어서 속도와 효율성을 높일 수 있게 하는 네트워크 기술이다. 4세대(LTE) 이동통신 시스템에서 다양한 주파수의 집성을 통해 1Gbps 이상의 속도를 구현하여 서비스되고 있다.

이외에도 빔 포밍Beam Forming기술 등 다양한 통신기술들이 개발되어 서비스 중이며 계속 발전하고 있다.

데이터 용량과 속도를 높이기 위해서는 주파수 관리도 필요하다. 주파수 대역의 크기는 데이터 속도와 양을 좌우한다. 데이터 속도가 빠르다는 것은 주파수 대역폭이 넓다는 의미이며, 주파수 대역은 크게 고주파, 저주파 대역으로 구분된다.

고주파수 대역은 더 넓은 대역폭 할당이 가능하여 데이터 속도가 빠르다. 고주파수 대역은 저주파 대역 대비 더 넓은 대역폭으로 인해 더 많은 단말기를 수용할 수 있다. 한편 단파 특성으로 회절성이 작고 전파 도달거리가 짧으며 기술난이도는 크다. 저주파수 대역의 경우 장파 특성으로 회절성이 커서 장거리 전파가 가능하다. 저주파수 대역은 좁은 대역폭으로 데이터 속도가 느리고 다양한 전파 간섭 현상이 나타날 수 있다.

3. 5G와 메타버스

콘텐츠와 IoT의 시작, 5G 서비스

최근의 실시간으로 발전하는 통신 및 서비스에 따라 디지털 경제에 미치는 영향, 즉 기술 및 서비스, 활용 분야는 그야말로 무한정이다. 특히 더 빠른 무선데이터 서비스(고화질 멀티미디어 서비스 등)의 4세대에 이어 초고속, 초저지연, 고신뢰, 초연결성 서비스가 가능한 5세대 이동통신 기술은 고속 통신(eMBB, enhanced Mobile Broadband), 고신뢰·저지연 통신(URLLC, Ultra Reliable Low Latency Communications), 서비스 면적당 다수의 디바이스 IoT수용(mMTC, massive Machine Type Communication)이라는 3개의 기능이 합쳐져서 서비스된다.

우선 5G에서 대표적으로 구현하려는 고신뢰·저지연 통신(URLLC)

은 고신뢰도인 URC(Ultra Reliable Communication)와 저지연 통신인 LLC(Low Latency Communication)가 조합된 것이다. 고신뢰도는 전송대상 데이터가 전송되어 처음부터 끝까지End-to-End 상대편에 확실히 전달될 확률이 99.999% 이상이 되고, 저지연 통신은 지연 시간이 1ms(1/1000초) 이하로 되어야만 하는 의미이다. 데이터가 거의 완벽하게 지체됨이 없이 거의 실시간으로 전달된다.

이런 통신 인프라가 구축되면 스마트 공장Smart Factory, 헬스케어 Healthcare, 자율주행차, 스마트 그리드Smart Grid 분야 등 다양한 서비스가 가능하다. 또한 산업 간 융합과 다양한 콘텐츠 개발이 이루어지면서 디지털 경제가 활성화된다. 2020년 상용화된 5세대 이동통신 기술은 4세대 통신 LTE와 비교하여 속도가 20배 빠르고 처리 용량은 100배 많은 편이다. 사람, 사물, 정보가 언제 어디서나 연결될 수 있도록 20Gbps급으로 데이터를 전송하게 된다.

주파수 대역은 우리나라의 경우 4G의 LTE 주파수는 900MHz~2.1GHz 대역을 사용하고 5G는 3.5GHz, 28GHz의 고주파와 초고주파 대역을 사용하고 있다. 특히 낮은 지연 속도(<1ms, 이상적인 조건에서 1000분의 1초 미만)로 앞으로 5G는 유선 속도와 거의 같아지고 5G 서비스를 효율적으로 제공하기 위한 무선 네트워크 역시 계속 발전하고 있다. 저비

표3-3 **이동통신의 세대별 속도, 서비스 발전 동향**

구분	(예상)시기	전송속도	서비스	다운로드시간 (아바타4K영화 최대속도)	전송지연 시간
4세대	~2020년	최대 1Gbps	영상통화, 고화질 동영상 (최대)연결기기: 10만대/km^2당	2분 40초	10ms
5세대	2020~2030년	20Gbps	VR, AR, IoT, 자율자동차 (최대)연결기기:100만대/km^2당	13초	<1ms
6세대	2030~이후	1Tbps (1,000Gbps)	시공간 초월의 지능형서비스	0.16초	100μs

출처: 『정보통신기획평가원』 참조하여 재작성

용, 고효율 5G 무선장비 개발 등 이동통신 네트워크의 단순화, 서비스 영역 확장 등을 추진하고 있다.

5세대 이동통신의 주요 서비스

5G는 디지털 세계의 영역을 크게 확장하여 나가고 있다. 5G는 대용량 동영상을 실시간으로 볼 수 있고, 기존에는 어려웠던 사물인터넷(IoT) 등이 더 빨라진 처리 속도와 용량을 기반으로 VR 게임, VR 교육, 자율주행차, 스마트 팩토리, 스마트시티, 디지털 헬스케어 등을 실생활에 활용할 수 있고, 다양한 콘텐츠와 실감 미디어 등에 대한 수요를 발생시키고 있다. 실감 미디어는 다른 대상이 된 것 같은 느낌을 주거나, 영상 속에 들어가 있는 것 같은 생생함을 주는 콘텐츠로 XR 기술의 기반이 된다.

메타버스를 현실화하는 통신의 발달

이동통신망을 활용한 서비스는 사람의 감각(특히 눈, 귀, 촉감)을 최대한 활용하는 방향으로 진화하고 있다. 특히 메타버스는 초고속, 초연결, 초저지연의 5G 상용화와 이를 활용한 기술의 발전과 함께 계속 성장할 것으로 전망된다. AR, VR, MR, XR 기술은 가상 환경이지만 사용자를 현실 환경처럼 느끼게 하고 실감 미디어 디바이스와 이동통신망의 발전은 몰입감(Immersive Experience)이 강화된 음성, 음향, 영상 서비스를 가능하게 한다. 5G와 6G 이동통신 기술의 발전은 더 빠른 속도, 대용량 데이터 통신량, 총연결(고속·고신뢰·저지연 통신, 단위 시간과 면적에서 얼마나 많은 기기를 수용) 등의 기술을 현실화한다.

이러한 이동통신 기술의 발전과 더불어 서비스의 고도화를 위한 소프트웨어 기술도 발전하고 있다. 그 중 하나로 이동통신 네트워크 소프트웨어 가상화 기술을 들 수 있다. 네트워크 가상화란 물리적으로 구분되어 특화된 통신장비 대신 고성능, 대용량 범용 하드웨어에 각종 서비

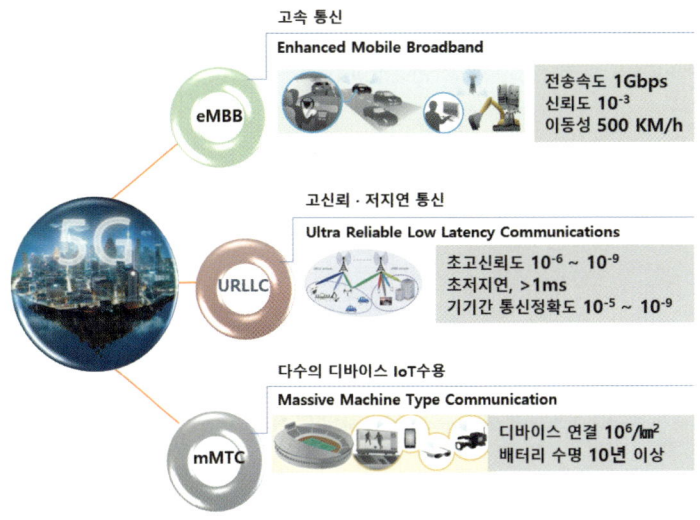

그림3-5   5G 주요 특성 및 서비스 영역(저자 작성)

스를 지원하는 소프트웨어를 탑재하여 다양한 통신 기능을 구현하는 것을 의미한다.24 하나의 슈피컴퓨디가 소프트웨이와 결합하여 분신된 통신장비를 통합하고 대체하게 된다.

앞으로 5G와 6G 등 통신 인프라의 발전과 함께 관련 소프트웨어도 인공지능과 결합하여 상황에 맞게 자율 작동되면서 사물인터넷 등의 효율적 활용을 지원할 것이다. 물론 문제가 없는 것은 아니다. 국내에서 5G의 속도가 기대에 못 미치고 있으며 음영지역*이 많다는 불만이 있고 5G를 활용한 다양한 콘텐츠 역시 아직은 부족하다. 이는 통신사업자의 추가 기지국 설치, 소프트웨어 등 기술의 발전, 5G의 대중화가 확대되고 관련 콘텐츠가 다양해지면서 점차 해결될 것으로 보인다.

---

*   전파가 다양한 경로로 전달되어 송·수신되는 과정에서 실제 환경(건물, 빌딩, 터널, 나무 등 장애물)의 영향으로 신호 세기의 변화 또는 신호의 끊김이 발생하는 지역 또는 지점을 의미함.

한편 2022년 2월말 세계 이동통신 전시회 MWC*에서는 5G, 사물인터넷(IoT), 인공지능(AI), 블록체인, 다양한 콘텐츠 등 모바일 분야 신기술의 진화와 메타버스 등 우리 미래의 기술의 발전 현황과 삶의 방향을 알 수 있다.

그리고 6세대, 7세대 이동통신의 전망

6G는 최대 전송용량이 20Gbps인 5G보다 약 50배인 1Tbps, 사용자 체감속도는 5G의 약 10배인 1Gbps와 테라헤르츠급 통신 대역폭 등 고도화된 서비스가 개발될 것으로 보이며 2028년~2030년 즈음 상용화 될 것으로 기대하고 있다. 6G는 초성능, 초대역, 초정밀, 초신뢰, 초지능, 초공간을 가능하게 하며 이를 통해 완전 자율자동차, 초현실 가상서비스, 초실감 원격진료, 무인 완전 자동화 시스템, 공중 및 해상 자율 비행 등 안전한 6G 융합 서비스 등이 우리 눈앞에 다가올 것으로 전망하고 있다. 이러한 사회 인프라가 구축되기 위해서는 통신과 통신용 시스템 SW, 비메모리, 지능형(AI) 반도체 및 융합기술, 소재 연구 개발 등이 융합되고 상호 보완되어야 한다.

6G에서 무선 구간 1ms, 유선 구간 5ms의 초저지연 서비스가 가능해지면 드론, 에어택시, 하이퍼루프 등 미래형 3차원 교통수단 서비스를 제공하며 1,000km 이동속도에서도 통신이 안정적인 지원을 할 것으로 예측된다.[25] 전체 통신망에 인공지능이 적용되어 초지능형 네트워킹이 가능해지고 관련 서비스가 실현된다. 6G가 상용화되면 사물을 연결하는

---

* MWC(Mobile World Congress)는 세계 이동통신 전시회로 매년 2월~3월초 열리며 2022년은 코로나-19 영향으로 2년만에 스페인 바르셀로나에서 열렸다. 우리나라의 경우 이동통신 3사 및 삼성전자 등 110여 개 기업이 참가하여 메타버스와 관련된 5G, 로봇, AI, VR, AR 기술 등을 시연했다.

사물인터넷을 넘어 모든 환경이 연결되는 만물 지능 인터넷AIoE, Artificial Intelligent of Everything이 가능해질 전망이다.

또한 7세대 이동통신은 2040년경으로 예상되며 사람이 존재하는 모든 시공간 자체가 네트워킹되어 지구에 존재하는 모든 산업, 인프라, 환경 등이 연결되는 '초연결' 생태계를 꿈꾸고 있다. 인간의 텔레파시까지도 연결하려는 연구 등이 진행 중이다.

시간과 공간의 극복을 위한 네트워크와 연결에 대한 인간의 끊임없는 노력은 이제 모든 사물과 인간이 공간을 뛰어넘어 실시간으로 연결되는 현실이 다가오고 있다. 이러한 네트워크의 확장과 연결은 인간에게 새로운 사회에 대한 희망과 기존과는 다른 디지털 세계를 만들어나갈 것으로 예상된다.

미래에 대해 희망만 있는 것은 아니다. 디지털 격차도 확대될 것이고 개인이 원하든 원하지 않든 많은 정보가 왜곡된 정보를 포함하여 네트워크상에 떠다닐 수 있다. 연결된 사물인터넷은 테러 공격의 대상이 될 수 있고 속도의 가속화는 인간의 피로감을 높일 수 있다. 연결이 있으면 끊김은 존재한다. 앞으로 연결이 중요한 만큼 끊어짐에 대한 새로운 논의도 필요하다.

4장

메타버스와 가상 현실 디바이스(DIGITAL REALITY: XR)

장자가 꿈에 나비가 된 것인가?
나비가 꿈에 장자가 된 것인가?
나비 사이에 반드시 구분이 있다.
이것이 만물의 변화다.
(장자, 나비의 꿈)

1. 메타버스의 유형과 디바이스

메타버스와 함께하는 다양한 디바이스

메타버스Metaverse는 가상과 현실이 상호작용하며 새로운 변화를 이끌고 그 속에서 사회·경제·문화 활동이 이루어지면서 가치를 창출한다. 메타버스는 구현되는 공간이 현실 중심 인지 가상 중심인지, 구현되는 정보가 외부 환경정보 중심인지, 개인·개체 중심인지에 따라 4가지 유형으로 구분되며 메타버스의 4가지 유형은 독립적으로 발전하다, 최근에는 상호작용하면서 융·복합 형태로 진화 중이다.

4가지 유형은 가상Virtualization과 모의체험Simulation 그리고 증강Augmentation이라는 기술적 측면과 디지털로 구현되는 세상 속 사용자의 역할에 따라 분류를 할 수 있다. 사용자가 바깥세상을 현실에서의 외부 환경정보를 증강하여 제공하는 증강현실Augmented Reality과 가상 공간에서 외부 환경정보를 통합하여 제공하는 거울세상Mirror World의 측면으로 구분될 수 있다.

그리고 사용자가 적극적으로 개입하여 개인·개체들의 현실 생활에서 이루어지는 정보를 통합 제공하는 일상 기록인 라이프로깅Life Logging과 가상 공간에서 다양한 개인·개체들이 활동하는 기반을 제공하는 가상 현실Virtual Reality의 한 측면으로 나누어 볼 수 있다(그림4-1).

그동안 가상 현실 기기가 나왔지만, 사용상의 불편함과 높은 가격 등으로 접근하기 어려웠고 기술적 내용도 높지 않았다. 현재의 가상 현실 디바이스는 계속 발전하면서 상대적으로 가격뿐만 아니라 편의성과 상호작용 방식이 개선되고 화면·공간 확장성이 이루어지면서 메타버스 시대를 열어나가는 기반이 되고 있다.

AR 글래스Glass 등 기기들이 기존 휴대에서 착용Wearable 방식으로 전환되어 편의성이 증대되고 있으며, 상호작용 측면에서도 인터넷 시대

	증강(Augmentation)		
사용자가 밖에서 세상을 관찰 (External World Focused)	**증강현실 (Augmeneted Reality)** 현실에 외부 환경정보를 증강하여 제공하는 형태	**라이프로깅: 일상기록 (Life Logging)** 개인·개체들의 현실 생활에서 이루어지는 정보를 통합 제공	사용자가 적극적 개입 (Intimate Identity focused)
	거울 세상 (Mirror World) 가상 공간에서 외부 환경 정보를 통합하여 제공	**가상 현실 (Virtual Reality)** 가상 공간에서 다양한 개인, 개체들의 활동 기반을 제공	
	가상(Virtualization), 모의체험(Simulation)		

그림4-1 **메타버스의 4가지 시나리오 형태**
출처: *Metaverse Roadmap*, John Smart, Jamais Cascio, Jerry Paffendorf, 2006, 저자 재구성

에는 키보드, 터치 방식을 주로 활용하였으나, 메타버스 시대에는 음성, 동작, 시선 등 오감五感으로 진화하여 현실감을 높이고 있다. 화면도 2D Web 화면에서 화면의 제약이 사라진 3D공간Spatial Web으로 진화하고 있다. 현재 PC, 스마트폰은 3차원 현실 세계의 정보를 2D화면으로 제공한다. AR은 화면 제약을 넘어 현실이 화면이 되고 VR은 3D공간에서 정보를 구현할 수 있게 되었다.

호주의 미래학자인 마크 페시Mark Pesce는 "스마트폰의 다음은 AR이며 화면을 아래로 보는 것은 한계에 도달해 있다. 미래는 화면을 내려 다보지 않고 세상이 곧 화면이 되어, 보는 것과 완벽하게 통합될 것이다"[26]라고 AR 기술의 발전을 전망한다.

메타버스는 컨텐츠 밖 세상에서 가상과 증강현실을 즐기는 측면과 사용자가 컨텐츠 속에서 적극적으로 개입하는 형태의 유형으로 바라볼 수 있다. 즉, 메타버스 디바이스는 VRVirtual Reality, ARAugmented Reality를 총칭하여 기술적 근간을 형성하는 XReXtended Reality로 새롭게 분류하고, 기술적 측면에서는 현실과 디지털이 혼합된 증강현실과 디지털로 이루어진 가상 세계로 나눌 수 있다. 사용자가 콘텐츠 밖에서 바라보는 측면은 증강현실(AR)을 XReXtended Reality로 분류하고, 실제 세상의 디지털화

	증강(현실+디지털)		
콘텐츠 밖에서 (Outside)	**증강 현실** → XR(eXtended Reality)	**디지털 미** DIGITAL ME(AVATAR)	콘텐츠 속으로 (Into the Contents)
	디지털 트윈 DIGITAL TWIN	**가상 현실** → XR(eXtended Reality)	
	가상(완전 디지털)		

그림4-2 메타버스의 재분류
출처: *Metaverse Roadmap*, JohnSmart, JamaisCascio, JerryPaffendorf, 2006, 저자 재구성

Mirror World는 디지털 트윈Digital Twin으로 나누어 볼 수 있다. 또한 사용자가 콘텐츠 속으로 들어가면서 일상을 디지털화Life Logging하는 가상 세계는 일상의 디지털미Digital Me, 즉 아바타AVATAR로, 이 가상 현실(VR)은 총칭된 XReXtended Reality로 재분류 할 수 있다(그림4-2).

최근 4개의 메타버스 유형은 경계를 허물면서 상호작용하는 새로운 형태의 융·복합 형태의 서비스로 진화되고 있다. 고스트 페이서Ghost pacer 서비스는 AR 글래스Glass를 활용하여 현실에 가상의 사용자runner를 형성하고 이를 라이프 로그life log 데이터와 연결한다. AR 글래스에 보이는 아바타의 경로와 속도를 설정하고 실시간 경주가 가능하며 STR AVA 운동 앱, 애플워치와 연결하여 실행할 수 있다. 세계Worlds지도를 입체적으로 볼 수 있는 구글맵Google Map과 AR의 결합 등 다양한 융합이 진행 중이며, 향후 상호작용이 가속화되면서 미래 메타버스를 형성할 것으로 예측된다.

메타버스를 구현하기 위해서는 진짜 옆에 있는 것처럼 감정을 전할 수 있는 3D 오디오 기술도 가상 세계를 만드는 핵심 기능을 한다. 모든 사용자가 동일 장소의 가상 세계에 있을 수 있지만, 다른 마이크와 헤드폰을 사용하면 현장 몰입감이 낮아질 수 있다. VRVirtual Reality 헤드셋이나 인공지능AI 기반 봇Bot[27]은 클라우드 서버와 장치 간에 이루어지는 빅데이터를 압축할 수 있도록 지연 시간이 짧고 빠른 네트워크가 필요하다(그림4-3).

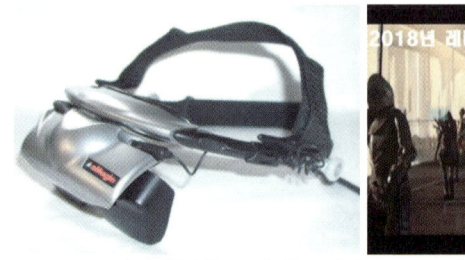

그림4-3 가상 현실을 구성하는 디지털 HMD와 레디 플레이어 원
출처: 위키피디아 / 로블록스

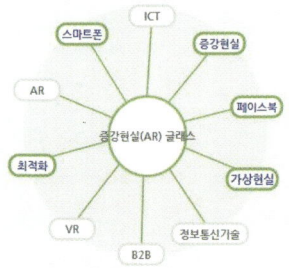

그림4-4 애플 AR 글래스
출처: LG 유플러스, TTA 정보통신 용어 사전

　　비디오와 몰입형 사운드 미디어로 이루어진 인터랙티브interactive 3D 메타버스를 구성하려면 기존보다 훨씬 밀도가 높은 디지털 파일이 필요하므로 업로드와 다운로드 속도를 끊김이 없이 처리할 수 있는 통신 인프라의 구축은 메타버스의 구현에 절대적이다. 5G는 이러한 기능들을 어느 정도 처리할 수 있지만 지연 속도가 최소화된 6G가 되어야 사물인터넷(IoT) 등이 불편 없이 이루어질 것으로 보인다.

　　전 세계가 6G 통신 인프라 개발에 뛰어든 이유는 통신 인프라의 기술이 향후 메타버스의 주도권과 밀접한 관련이 있기 때문이다(그림4-4, 5).

　　가상 현실Virtual Reality은 실제 현실의 특정 환경, 상황 또는 가상의 시나리오를 컴퓨터 모델링으로 구축하고 이러한 가상 환경에서 사용자가

 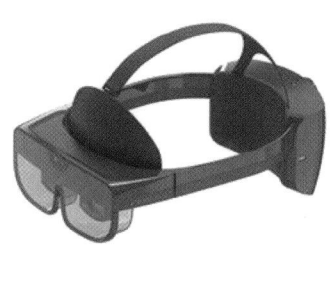

그림4-5 **국내 최초 독립형 AR 안경과 스마트폰 기반의 VR 마운트**
출처: P&C Solution, 구글

상호작용할 수 있는 온라인 가상 세상을 구현하는 시스템 또는 기술이다.

증강현실Augmented Reality은 실제 환경에 컴퓨터 모델링을 통해 생성한 가상의 오브젝트(예: 물체, 텍스트, 비디오)를 겹쳐 보이게 하여 공간과 상황에 대한 가상 정보를 제공하는 시스템 및 관련 기술이다. 혼합현실은 가상 현실과 증강현실 등을 혼합한 개념이다.

확장현실(XR, eXtended Reality)은 AR, MR, VR을 포괄하는 개념이며, XR은 메타버스를 구현하는 다양한 기술을 총칭한다. 확장현실은 현실 세상에 더하고Augmented Reality, 현실 세상에 사물을 투영하면서Mixed Reality 몰입하는 가상 세상Virtual Reality으로 정의할 수 있다. XR 자체도 디지털로 구현되기 때문에 디지털 현실Digital Reality이라고 말할 수 있다. 그리고 총체적 기술이라는 면에서 콘텐츠(C), 플랫폼(P), 네트워크(N), 디바이스(D)를 통합한 C-P-N-D 기술28이라고 표현할 수도 있다(그림4-6).

기술혁신으로 메타버스를 지원하는 VR·AR 등 몰입 기기의 가격

4장 메타버스와 가상 현실 디바이스(DIGITAL REALITY: XR) 61

현실	확장현실(XR)		
	증강현실	혼합현실	가상 현실
Reality	AR	MR	VR

그림4-6 **확장현실(XR)**

이 계속 낮아지고 있고 편의성도 개선 중이다. 몰입 기기의 평균 가격은 1991년 41만 달러에서 2000년 2만 달러 수준으로 감소하였고, 이러한 혁신이 스마트폰의 추세를 따라간다면 2030년에는 1700달러까지 하락할 것으로 전망된다.[29]

대표적인 몰입 기기인 오큘러스 퀘스트2 Oculus Quest2가 성능의 향상에도 불구하고, 가격은 하락하는 전형적인 기술혁신 패턴을 보여주고 있다. VR 기기가 PC, 콘솔, 모바일 서비스와 결합하여 메타버스 경험을 확대하고 고도화시킬 것으로 보이며, 또한 로블록스 Roblox 플랫폼은 PC, 모바일, 콘솔, VR 등을 통해 접속이 이루어진다. 그간 VR은 높은 가격, 무게 등으로 사용 비중이 저조했으나, VR 기기의 대중화와 함께 활용 비중이 확대될 것으로 전망한다.

로블록스 사용자 중 모바일 비중은 2020년 72%이며, 오큘러스 퀘스트2는 전작보다 10%이상 가볍고(503g) 가격도 299달러로 100달러 하락하였다. 소니는 2016년 가상 현실 게임인 PS4 PlayStation4용 VR 출시 6년 만인 2022년에 PS5 VR을 공개할 계획으로, VR을 활용한 메타버스 접속 기회가 더욱 늘어날 전망이다. 2020년 2월 PS5에 들어가는 차세대 VR 컨트롤러를 공개하였다.[30]

메타버스를 구현하는 AR SW, AR HW, 클라우드 Cloud, 센서 Sensor 등 다양한 세부 기술의 R&D 특허는 지속 증가 추세에 있으며 2022년 이후부터는 VR HMD*에 이어 AR 글래스 Glass도 메타버스 경험을 지원하는

---

* 헤드 마운티드 디스플레이(Head Mounted Display)

핵심 기기로 부상될 전망이다.

    AR·VR 시장은 연평균 59% 성장하여 2025년 $28 billion 규모에 이르고, AR시장은 2030년 $130 billion 규모로 성장할 전망이다.31 메타버스가 게임을 넘어 전 산업 분야로 확대되면서, AR 글래스Glass는 기업의 생산성 혁신을 이끄는 핵심 도구 역할을 담당하고 있는 것으로 보인다. AR 글래스 등 XReXtended Reality 기기들은 전 산업에 평균 21% 정도 활용될 것으로 전망하고 있다.32

    생산 운영관리 인터페이스는 과거 종이부터, 컴퓨터 스크린, 스마트폰 등으로 계속 발전해왔으며, 차세대 인터페이스로 AR 글래스에 주목하고 있다. AR 글래스는 재고관리, 불량품 확인, 작업훈련 등 생산 운영관리 전반에 적용될 수 있다. 손목밴드, 반지, 장갑 등 다양한 메타버스 경험의 접속점이 될 다양한 기기들이 개발되고 출시되면서 다가올 미래의 새로운 혁신을 예고하고 있다.

    페이스북(메타)의 리얼리티 랩Reality Labs은 2021년 3월 개발 중인 AR 손목밴드를 소개하였다. AR 글래스와 함께 손목밴드는 가상의 물체 및 상황을 제어하는데, 손의 힘과 각도와 1mm의 움직임도 포착한다.33 애플은 가상과 현실을 연계하는 인터페이스로 반지, 장갑 등을 활용하는 방식의 특허를 출원하였다. 센서가 탑재된 반지는 착용자의 동작을 해석하고 주변 물체와의 관계를 파악하며, 센서가 많을수록 3D 환경에서 정확한 움직임을 인지할 수 있고, 반지를 엄지와 검지에 착용해 두 손가락으로 집기, 확대 및 축소, 회전을 식별한다.34

    케어오에스CareOS의 포세이돈 키트 미러Poseidon Kit Mirror는 개인 위생, 피부관리 및 웰빙well being에 중점을 둔 가정용, 화장실용 스마트거울로 사용자의 피부 건강을 분석해 필요한 기능성 화장품을 포함하여 깨끗한 치아 유지 방법, 머리 스타일을 추천해주기도 한다.

    네이버 라인의 자회사 게이트박스Gatebox는 2021년 3월 기존 탁상용 AI 홀로그램 어시스턴트 게이트박스Assistant Gatebox의 크기를 키운 대형 캐릭터 기기인 게이트박스 그란데Gate box Grande를 공개하였다. 이 기기는 2m 높이의 고객 접대용으로 개발된 대형 캐릭터 소환 기기로 심도 센서를 통해 사람이 접근하면 반응하는 형태를 가지고 있다.

햅트엑스 글러브HaptX Gloves(장갑)는 133개의 촉각 반응Feedback 센서가 부착되어 가상에서도 실제 물건을 만지는 듯한 느낌과 반응의 경험을 제공하는 등 VR의 촉각 경험을 극대화한 글러브이다.

버툭스Virtuix의 옴니 원Omni One(트레드밀)은 2021년 하반기 출시 예정이었던 가정용 보행 가상 현실 기기다. 가상 공간에서 사용자가 웅크리기, 쪼그리고 앉기, 뒤로 젖히기, 점프하기 등 자유로운 움직임을 지원한다고 공개되었다. 시선과 움직임을 일치시켜 인지 부조화를 줄일 수 있어 가상 현실 기기의 문제점 중 하나인 멀미 문제를 해소하였다.

향후 다변화되는 메타버스 기기들이 기존의 PC, 모바일, 콘솔, VR HMD, AR 글래스, 스마트 시계 등과 연계되어 혁신적인 메타버스 경험을 제공할 것으로 전망되고 있다.

2. XR기기의 발전과 빅테크

XR기기를 둘러싼 빅테크들의 각축

메타버스 고객 접점인 XR 기기 제조 시장에 4가지 분류의 기업들이 진입하여 기기를 개발하고 서비스를 제공 중이다.

메타Meta는 XR을 인간의 사회적 존재감을 새로운 방법으로 일깨워 주는 매개체로 인식하고 관련된 H/W와 서비스에 투자하고 발전시키고 있다. 특히 B2C VR 시장 중심으로 VR부문 리더 역할을 하고 있다. 메타의 XR 비전Vision으로 VR과 AR은 다른 공간에 있음에도 불구하고 함께 누군가와 바로 옆에 있는 듯한 감정을 느끼게 해주는 가장 적합한 기기와 서비스로, 사람과 사람을 현실과 같이 연결할 것으로 보고 있다. 오큘러스 퀘스트Oculus Quest는 핸드 트래킹 기술이 적용되었고 컨트롤러Controller가 있는 오큘러스 리프트Oculus Rift 보다 개선되었다(그림4-7).

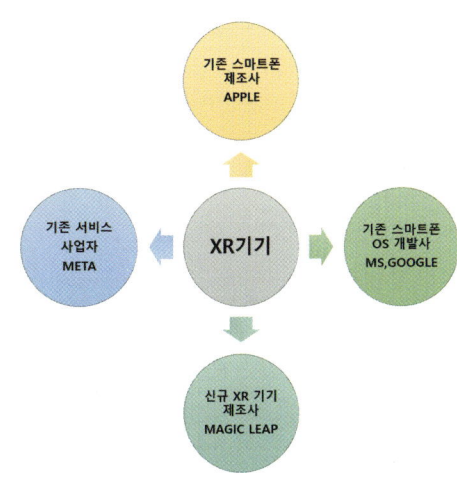

그림4-7 XR 기기 제공 테크 기업

메타의 호라이즌Horizon은 가상 세계 속에서 상호 교류하고 게임을 즐기는 가상 소셜 플랫폼이다. 메타는 일상의 디지털화를 통한 가상 현실(XR)로 기존의 메타 서비스를 자연스럽게 메타 호라이즌으로 전환하려는 계획을 드러내고 있다.

애플Apple은 1차적으로 자사 기기 중심의 XR 서비스 기반을 마련·확대하고 있는 것으로 보이며, AR, VR 등 XR 기기들을 개발하고 있다. 애플은 기기의 감성적인 측면을 부각하고 애플 기기에 대한 기대감을 충족시키기 위해서 기술, 기능, 안정성 확보에 집중하고 있다. 애플의 XR 기기 개발팀은 2015년 말부터 구축되기 시작하였으며, 그에 따라 필요한 인력을 확보하기 위하여 M&A도 진행하였다. 현재 XR 기기 팀은 약 1,000명의 강력한 엔지니어 그룹으로 성장하고서 활동 중으로 알려진다. 제품은 표4-1과 같이 2가지 카테고리Category로 준비가 진행 중이다.

애플은 또한 AR키트Kit을 활용한 앱App을 이미 제공 중이다. 이 앱은 라이다LiDAR(3D 센서)[35]를 활용한 다양한 AR게임으로 AR을 통해서 이케아IKEA의 가구 배치를 사전에 시뮬레이션하는 것도 가능하다.

표4-1 애플의 XR 기기 비교

구 분	N301	N421
H/W Type	HMD Type	Glass Type
XR Type	AR/VR 동시 지원	AR 지원
경 험Experience	게임 및 콘텐츠 소비를 위한 포괄적 경험	메시지Message, 지도와 같은 정보를 Overlay하는 경험
생태계Eco System	자체 앱스토어와 비디오 콘텐츠 스트리밍 기능	n/a

그림4-8 MICROSOFT의 XR기기
출처: MS

　마이크로소프트MS는 PC 사업의 다음 영역으로 XR기기에 접근하고 있으며, MS의 XR 기기인 홀로렌즈Hololens OS도 윈도우Window10을 포괄하면서 기기OS 전략을 펼쳐가고 있다(그림4-9).

　마이크로소프트는 홀로렌즈 개발에 많은 노력을 기울이고 있다. 홀로렌즈는 별도의 호스트를 활용하지 않는다는 점에서 스마트폰을 대체하는 미래 컴퓨팅 환경의 가능성을 보고 접근하고 있다고 파악된다. 홀로렌즈는 독립형 HMD로써 자체 윈도우 PC를 내장하는 계획을 하고 있다. 구동 원리는 마이크로 디스플레이 기기에서 쏜 빛이 렌즈를 통해 고글goggle에 비춰져 사물과 중첩하는 원리다. 기존 Xbox에 사용되었던 키넥트 센서를 활용해 완성도 높은 3D 센싱을 구현시킨다.

　마이크로소프트(MS)는 홀로렌즈2Hololens2를 기업용으로 개발하였

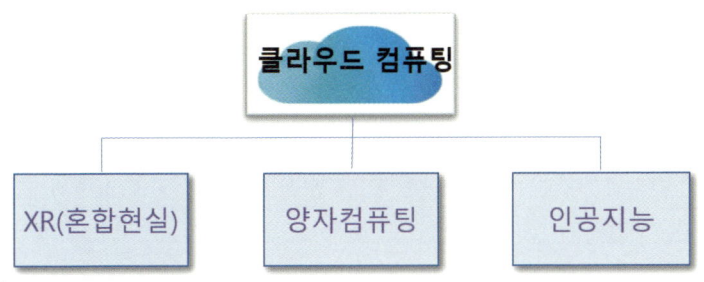

그림4-9   MICROSOFT의 미래 전망
출처: MS

으며 홀로렌즈1에 비해서 기능이 대폭 개선되었다. 칩셉은 인텔Intel에서 퀠컴Qualcomm을 사용하고 시야각(34도 → 52도)도 넓어지고 아이 트랙킹 Eye tracking이 가능하며 기존 한 손에서 양손 인지가 가능하다.36

구글Google은 XR의 검색 및 콘텐츠 시장을 확산하고 선도하기 위한 마중물 역할로 기기를 출시했으나, 타 개발업체의 기기들이 출시되는 시점에서 카드보드와 데이드림 출시를 중단하였다. 구글은 저렴한 VR 기기를 통해 유튜브YouTube VR 초기 시장을 선점하고 확산을 위하여 B2C용 AR용 글래스Glass 확보를 위해서 노스North를 인수하는 등 일반 소비자용 구글 글래스Google Glass를 개발·출시했으나, 기술적 제약으로 인해 B2B로 전략을 수정한 것으로 보인다.

매직 리프Magic Leap는 한 때 가장 주목받았던 XR HMD 하드웨어 제조사였으나, 기존의 B2C(고객) 중심의 전략에서 B2C 시장의 불확실성을 인지하고서 B2B 전략으로 전환하였다. 매직 리프는 약 USD 30억$ 수준의 투자와 업계 내 가장 유명한 인재를 보유한 전도유망한 XR 선도 기업이었으나, 2018년 말에 나온 매직 리프 원Magic Leap One은 USD 2.8K$ 로 실제 대중시장과는 거리(괴리)감이 있어 외면을 받았다. 초기 6개월 간 6천 대만 판매될 정도로 저조했다는 시각이 있었다. B2C용으로 매직 리프의 XR을 경험할 수 있는 'The Last Night'는 B2B 전략 전환으로 개봉

이 중단되었다.37

2020년 4월 전체 인원의 50%에 달하는 1천 명을 해고하는 등 기업 구조 조정을 통하여 창업부터 지금까지 진행해 온 B2C 시장을 포기하고 헬스케어, 제조, 엔지니어링, 교육 등 B2B 시장 전략을 수정하여 운영 중이다. 창업자인 로니 아보비츠Rony Abovtiz는 물러나고 MS 출신의 B2B 전문가인 페기 존슨Peggy Johnson을 영입하여 재도약을 준비 중이다.

XR 시장은 현재 B2B 시장을 중심으로 움직이고 있으나 페이스북은 B2C 시장 공략을 위해서 제품, 서비스 등 생태계를 마련 중이고, 애플은 B2C 시장 개화와 함께 시장 공략을 위해 준비 중인 것으로 보인다.

XR 콘텐츠 제작과 엔진

XR(가상 디지털 현실)를 구현하기 위해서는 360도 콘텐츠로 영상을 제작하는 것이 필요하다. 360도 콘텐츠는 360도 영상 촬영 장비와 제작 도구를 활용하여 제작된 콘텐츠를 의미한다. 현재의 2차원 콘텐츠는 소비자가 일정 거리를 두고 평면 위에서 펼쳐지는 콘텐츠를 감상하는 형태이며, 해당 평면에 투사되는 입체적으로 보이는 사물을 인지하는 것과는 다르다.

360도 콘텐츠는 공간적 의미에서 3차원 영상을 제공하지만 제작하는 과정에서는 우선 비디오 촬영 또는 제작 후 360도로 전환하는 후작업 등이 필요하다. 과거 사진을 찍으려면 사진관에 가는 것과 유사한 상황으로 개인이 쉽게 제작하기는 쉽지 않다.

360도 콘텐츠 제작 과정은 창조, 기획 제작Creation한 후에 처리과정Processing은 비디오 캡쳐Video Capture, 재구성 및 압축Reconstruction & Compression을 한 후에 재생Playback과 출품Publishing으로 요약할 수 있다. 360도 입체 영상 제작을 위해서는 초실감형 콘텐츠 구현을 위한 3차원 공간을 기록·재구성하는 복셀Voxel 과 볼륨메트릭Volumetric 기술의 실용화가 필요하다.

복셀은 '부피를 가진 픽셀Volume+Pixel'이라는 뜻으로 픽셀이 눈에 보이는 평면을 2차원적 점으로 기록한다면 복셀은 6면을 3차원으로 기록하는 것이다.38 픽셀은 전면 시야를 기록하여 입체처럼 보여도 실제는 평면 영상을 2D로 구현하지만 복셀은 전체 공간을 기록하여 어느 시점에서도 입체로 보이는 3D를 구현한다. 픽셀은 시점을 변경하지 못하지만 복셀은 시점 변경이 가능하다.

볼류메트릭Volumetric은 눈에 보이는 공간을 픽셀 기반으로 기록하는 2차원 영상과 달리 눈에 보이지 않는 시각의 반대편 공간까지 3차원으로 저장하는 기술을 말한다. 볼류메트릭 동영상은 기록된 공간 내의 어느 시점에서나 재생할 수 있어 영화·드라마, 여행 체험, 온라인 쇼핑, 부동산 거래 등에 폭넓게 활용할 수 있다(그림4-10).

볼류메트릭 스튜디오Volumetric Studio는 인텔, MS39를 포함하여 대규모 또는 중소 규모로 세계 각국에 조금씩 구축되고 있다.

XR 엔진으로 현재 가장 많이 사용되는 소프트웨어는 언리얼Unreal 엔진과 유니티Unity엔진이 있다. 언리얼은 대작 게임사들이 많이 사용하는 개방형 소스Open Source 엔진이며, 유니티는 좀 더 보편적으로 사용되는 비개방형 소스No Open Source 엔진이다.40

그림4-10 **최대 규모** Intel Studio와 MS의 Studio
출처: Intel / Microsoft

유니티 소프트웨어Unity Software는 게임 등 메타버스를 구현하고자 하는 개발사들에게 개발 도구 등을 제공하는 메타버스 B2B 사업자다. 유니티는 게임 개발용 소프트웨어인 '유니티 게임 엔진'으로 유명했으나 최근 건축, 엔지니어링, 건설, 자동차 개발 등 디지털 트윈 등 3D 콘텐츠 제작에 폭넓게 활용되고 있다. 2004년 덴마크에서 게임 개발사로 창립되었지만, 초기 개발 게임의 실패로 게임 개발 툴에 집중하게 되었으며, 회사의 목표를 '게임 개발의 민주화'로 정하고서 개발자가 특별한 스킬 없이도 손쉽게 개발을 하고, 또한 수익화도 쉽게 할 수 있도록 지원하고 있다(표4-2).

게임 엔진은 개발자들이 게임을 구축하거나 디자인할 수 있도록 도와주는 소프트웨어 도구이다. 최근 게임 엔진은 통합 개발환경을 지향하고 있으며, 그래픽 엔진, 물리 엔진, 오디오 엔진, UI 시스템 등 제작에 필수적인 요소의 소스 코드와 기능을 융합하여 편리하게 사용할 수 있도록 지원하고 있다.[41]

표4-2 가장 많이 사용되는 2개 XR 제작 엔진 비교

구분	Unreal engine 4	UNITY Unity3d
개 요	고품질 대작 중심(AAA Game)으로 확산된 XR 엔진 · AAA 대작 게임 제작사들이 널리 사용 · 15개 지원 플랫폼	폭넓게 사용되는 보편적 XR Engine · 60%의 콘텐츠, 50%의 모바일 게임에 적용 · 25개 지원 플랫폼
인프라	1만개의 Asset	5만개의 Asset
문서 및 교육	Udemy에 2,200개 교육 과정	Udemy에 5,500개 교육 과정
커뮤니티	Redit member 66.9k members	Redit member 159k members
개발툴	C++ or Blueprint visual scripting system	C#
소스코드 접근	Open Source Engine	Not Open Source Engine

[참조] 유니트 소프트웨어 사업 모델

유니트 소프트웨어의 수익 모델은 개발 툴Tool, 에셋Asset 그리고 개발사 수익화 솔루션 제공으로 설계하고 있으며 플랫폼 형태로 운영되고 있다(표4-3).

XR은 스마트폰이 해왔던 역할을 넘어서 다양한 영역에서 스마트폰 역할과 입지를 흡수하는 동시에 이를 넘어 새로운 몰입형 실감 콘텐츠 사용 환경을 만들어 더 많은 산업과 일상에 스며들 것으로 예상한다. XR이 활성화되려면 XR 구현 가능 기기들이 사용 편의성, 기능, 가격 등에서 일반 사용자들이 쉽게 접근하고 활용이 가능해져야 한다.

표4-3 UNITY Software 사업 모델

사업 모델	내용
Create 솔루션	· 콘텐츠 제작 툴(게임 엔진)을 매출 및 자본금 기준에 따라 다양한 구독 모델을 갖고 있다. · 무료(10만달러 이하 기업 대상)와 학생 외 Plus($40/월), Pro($150/월), Enterprise($200/월)(2021년)로 구성하고 있다.
Operate 솔루션	· 클라우드 기반으로 분석, 수익화(유니티 애즈, 유니티 IAP), 호스팅 서비스(VIVOX, Multiplay) 등을 제공한다. · 유니티 게임 엔진을 개발한 개발사의 수익화 및 운영 부분을 담당한다.
파트너쉽 등	· 하드웨어, OS, 게임 콘솔 등 플랫폼 제공 기업들과 파트너쉽을 맺어 고정 로열티 또는 일정 마일스톤 달성이나 신규 플랫폼 출시시 수익이 발생한다. 에셋 스토어 매출도 포함한다.

3. 디지털 현실의 발전과 전망

진화하는 디지털 현실(DIGITAL REALITY)

앞으로 미디어는 스마트폰 영역(문자 → 이미지 → 음성 → 영상)에서 기기의 독립적 영역(확장현실XR → 홀로그램Hologram)으로 진화할 것으로

그림4-11 홀로그램 구현
출처: 국가과학기술연구회

전망된다. 기기 간 실시간Real-Time으로 상호작용Interactive이 이루어지고, 한 듯 안 한 듯한 착용감Weightless과 이질성이 없고, 몰입감Immersive이 있으며, 실감과 현실성Realistic 있는 확장된 디지털 세계와 연계될 것이다.

XR은 기존의 2D 동영상 비디오를 넘어선 360도와 3D로 구현하는 방식이며, XR 다음은 홀로그램이 될 것으로 예측된다. XR이 화면을 통해 현실의 객체Object에 구현되는 방식이라면 홀로그램Hologram은 빛의 간섭과 굴절, 회절 등의 원리에 의해 공간에 떠 있는 것처럼 구현하는 것이다(그림4-11).

사람을 실제 홀로그램으로 표현하려면 약 5Tbps의 통신 대역폭이 필요하다. 1Tbps까지 가능할 것으로 예상되는 6G에서는 일부만 구현이 가능할 것으로 예상된다. 홀로그램이 요구하는 테라비트 대역폭 구현에 필요한 데이터량은 XR이 25Mbps~5Gbps이지만 홀로그램은 4Tbps~10Tbps에 달하고 지연성은 XR이 5ms~7ms이지만 홀로그램은 ~Sub ms가 필요하다.

디지털 확장현실인 XR을 뒷받침하기 위해서는 다양한 디바이스가 유기적으로 연결되어야 한다. 하드웨어와 소프트웨어를 중앙 시스템인 클라우드Cloud에 두고서, 정보처리, 저장, 관리, 유통, 분석 등의 작업을 인터넷 접속이 가능한 단말기 등을 통해 언제 어디서나 데이터를 불러와 작업할 수 있는 사용자 환경, 즉 제3의 공간(웹하드)에서 수행하여 사

> **용어해설**
> - Mbps[mega bits per second]: 초당 메가비트(백만비트)를 전송할 수 있는 데이터 전송 속도를 나타내는 단위
> - Gbps[Giga bits per second]: 초당 얼마나 많은 양의 정보를 보낼 수 있는지를 나타내는 단위다. 1Gbps는 1초에 대략 10억비트의 데이터를 보낼 수 있다는 뜻이다.
> - Tbps[Tera bits per second]: 초당 1조비트에 해당하는 정보 처리량을 나타내며, 1테라비트 메모리 안에는 동전 크기에 콤팩트디스크(CD) 1,500장 이상의 정보를 저장할 수 있다.
> - 영문자/한글 문자를 전송하기 위해서는 1Byte(8비트)/2Byte(16비트)가 필요하다.
> - ms[Millisecond]: 시간의 단위이며, 1밀리세컨드는 1,000분의 1초를 나타낸다. 예를 들면, 디스크장치의 평균 액세스 타임이 100 *ms*라는 것은 1,000분의 100초, 즉 10분의 1초나.

용자가 필요한 서비스만 적절하게 이용할 수 있도록 하는 방식의 컴퓨팅 환경이 필요하다. 향후 XR 기기 자체에 하드웨어와 소프트웨어를 포함하는 통합 기술 개발이 이루어지면 가상 현실을 아무 괴리감 없이 편리하고 몰입감 있게 즐길 수 있는 환경이 마련될 것으로 전망된다.

대화형 플랫폼은 사람들이 디지털 세상과 상호작용하는 방식을 변화시킬 것으로 보인다. 대화형 플랫폼이 제대로 구현하기 위해서는 비디오, 오디오 정보뿐만 아니라 자세 및 제어 입력이 단지 비디오와 오디오에 국한되지 않고 촉감 정보가 즉각적이고 안정적으로 전달되어야 한다.[42] 이를 위해 엣지 컴퓨팅Edge computing, 클라우드Cloud, 고성능 컴퓨팅 파워High Computing Power의 안정성(QoS)과 저지연성Low Latency의 구성

Configuration 등 다양한 기기가 결합되어 운영되는 시스템이 요구된다.

가상 현실(VR), 증강현실(AR) 및 혼합현실(MR)을 통합 지칭하는 디지털 확장현실(XR)은 사람들이 디지털 세상을 인식하는 방식을 바꾸고 있다. 디지털 인식과 상호작용하는 현상의 통합된 변화는 미래 몰입형 사용자 경험을 만들어낸다. 개별 디바이스와 단편적인 사용자 인터페이스User's Interface 기술에서 벗어나, 다중 채널 및 다중 모드 경험으로 전환될 것이다. 다중 모드 경험은 기존의 컴퓨팅 디바이스, 웨어러블 기기, 자동차, 환경 센서와 가전제품을 포함한 수백 개의 엣지 디바이스를 아우르는 디지털 세상과 사람들을 연결하여 줄 것이다.

다중 경험 환경은 개별 장치가 아닌 통합된 컴퓨터 시스템 환경으로 지원되는 '주변 경험(앰비언트 경험ambient experience)'을 제공한다. 사실상 주변 환경이 컴퓨터 시스템으로 되는 엣지 컴퓨팅edge computing은 기존 클라우드 서비스처럼 대규모 중앙 데이터센터에서 모든 컴퓨팅 파워를 제공하는 것이 아니라, 기지국이나 공장 등 데이터가 생성된 곳과 가까운 근거리(edge) 영역에 소규모 컴퓨팅 파워를 설치해 데이터를 처리하는 방식이다.

엣지 컴퓨팅은 클라우드와 단말기 사이에 컴퓨터를 삽입하여 네트워크와 자료 처리를 하는 분산 네트워크로 클라우드 서버의 부하를 줄일 수 있어 메타버스 세상의 가상 현실을 이루는 환경(인프라)을 제공할 수 있을 것으로 생각된다.

자율권을 가진 엣지Empowered Edge는 사람들이 사용하거나 우리 주변에 내장된 엔드포인트End point 디바이스를 지칭하며 엣지 컴퓨팅은 정보처리, 콘텐츠 수집 및 전달이 엔드포인트와 인접한 곳에서 처리되는 컴퓨팅 위상(토폴로지topology)이다. 엣지 컴퓨팅은 트래픽 및 지연 시간을 줄이기 위해 트래픽과 프로세싱을 로컬local에서 처리한다.

앞으로 IoT가 활성화되면 연결의 안정성과 효율화를 위하여 프로

세싱은 중앙화된 클라우드 서버가 아닌 끝부분 가까이에서 유지되는 분산 시스템이 될 것이다. 클라우드 컴퓨팅과 엣지 컴퓨팅은 중앙 서버뿐만 아니라 분산화된 디바이스 자체에서 중앙 서비스로서 관리되는 클라우드 서비스를 보완하는 새로운 아키텍처architecture 모델로 진화할 것으로 생각된다. 향후 더 뛰어난 처리 능력과 스토리지 그리고 기타 고급 기능을 탑재한 특수 AI 칩이 다양한 엣지 디바이스에 탑재될 것으로 예상되며, 5G가 성숙기에 접어들면 확장된 엣지 컴퓨팅 환경은 중앙 서비스와 더욱 강력한 상호보완 통신 체계를 구축하게 된다.

산업의 경쟁력, 디지털 트윈(DIGITAL TWIN)

미러 월드Mirror World는 현실에 존재하는 대상이나 시스템의 디지털 버전으로 그 목적성을 구체화한 디지털 트윈으로 구현되고 있다. 디지털 트윈은 미국의 GE가 최초 주창한 개념으로 컴퓨터에 현실 속 사물의 쌍둥이를 만들고, 현실에서 발생할 수 있는 상황을 컴퓨터로 시뮬레이션함으로써 결과를 사전에 예측하는 기술을 의미한다. 현실 세계의 실물 객체와 똑같은 쌍둥이 객체를 가상 세계에 구현하여 시뮬레이션을 통해 발생할 수 있는 상황들을 예측 및 분석하는 기술이다.

즉 실물 객체의 특성을 가상 세계에서 구현하여 각종 모의시험을 진행하고, 분석한 결과 값을 실물 객체에 적용하여 최종적으로 안전하고 최적화된 체계를 구현해내는 기술이다. 디지털 트윈을 통하여 효율적인 시뮬레이션과 자동화 시스템을 구현할 수 있다. 실제 모델을 가상에 구현한 디지털 트윈은 다양한 검증을 시뮬레이션할 수 있도록 지원하여 개발 비용과 시간을 크게 줄일 수 있을 뿐만 아니라, 검증 과정에서 나오는 실패 부품을 줄여 환경 오염에도 기여 가능할 것으로 보인다.

이탈리아 자동차회사 마세라티는 개발 단계에서부터 실제 모델과 가상의 모델에 관한 데이터를 동시에 사용해서 공정을 최적화했고, 그 결과 개발 비용과 시간을 크게 줄일 수 있었다. 공기 역학적 측면에서 차체를 최적화하는 풍동 테스트에 디지털 트윈을 활용하였다. 풍동 테스트에는 비용이 많이 드는데, 디지털 트윈으로 얻은 데이터를 기반으로 빠르고 저렴하게 가상 개발을 추가적으로 실행하면서 수정하여 자동차의 형태와 부품을 더욱 최적화하는 방법을 찾아냈다.

자동차 내부 음향 최적화를 위해 프로토타입에 마이크가 부착된 마네킹을 배치해 음향을 녹음한 후, 이 데이터를 추가적인 가상 시험에 활용하기도 하였다. 디지털 트윈을 통하여 시험주행 비용을 절감할 수 있었으며, 차량을 실제 도로 및 시험장으로 보내 데이터를 수집한 다음, 수정된 환경과 조건에서 화면상 필요한 만큼 시험주행을 반복하고 새 자동차를 가상으로 최적화 조건을 가능하게 하였다.[43] 가상의 모델로 시뮬레이션한 결과를 실제 모델에 적용함으로써, 디지털 트윈을 통해서 자동화된 최적화 운용이 가능해졌다.

마세라티의 성공과 AEM의 디지털라이제이션(2016)의 사례는 디지털 공간에서 복제된 디지털 트윈에서 가상 모델의 시뮬레이션 결과를 직접 실제 모델에 적용하였는데 예측, 계산 등 시뮬레이션을 넘어 실제 기기 장치에 적용된다면 최적화된 결과물로 운용할 수 있는 자동화가 가능할 수 있다.

디지털 트윈은 그 기능과 역할에 따라 '보완적 디지털 트윈'인 원격 모니터링 트윈, 원격제어 트윈, 원격 최적화 트윈과 '대체적 디지털 트윈'인 완전 자동화 트윈으로 디지털 트윈을 크게 4가지로 분류할 수 있다(그림4-12).

[보완적 디지털 트윈]
1단계: 원격 모니터링 트윈
· 내부 센서와 외부 소스를 통해 종합적인 모니터링을 바탕으로 변

보완적 디지털 트윈				대체적 디지털 트윈
				4단계 완전 자동화 트윈
			3단계 원격 최적화	최적화 트윈
		2단계 원격 제어 트윈	원격 제어 트윈	원격 제어 트윈
1단계 원격 모니터링 트윈	원격 모니터링 트윈	원격 모니터링 트윈	원격 모니터링 트윈	원격 모니터링 트윈

그림4-12 **디지털 트윈의 발전 단계(저자 작성)**

화에 대한 경고를 하고 알림을 제공

2단계: 원격 제어 트윈(원격 모니터링을 포함)

- 모니터링 결과를 바탕으로 제품/서비스의 기능 제어 제어를 통한 동작
- Connected 환경 내에서 원격 모니터링·제어·동작이 가능

3단계: 원격 최적화 트윈(원격 모니터링 트윈과 원격 제어 트윈을 포함)

- 모니터링, 제어 및 동작의 결과를 제품/서비스 운영 최적화하는 알고리즘으로 선세팅 알고리즘 결과에 따라 동작

[대체적 디지털 트윈]

4단계: 완전 자동화 트윈(원격 모니터링, 원격제어 트윈, 최적화 트윈을 포함)

- 자율적인 제품 운영 가능 상황에 맞게 스스로 모니터링, 제어 및 동작하며 자체 조정 및 자동화

4장 메타버스와 가상 현실 디바이스(DIGITAL REALITY: XR)

[보완적 디지털 트윈]은 원격 모니터링을 통하여 원격으로 제어하여 원격 최적화 트윈을 하는 것을 말한다. [대체적 디지털 트윈]은 완전 자동화 트윈(최적화 트윈, 원격 제어 트윈, 원격 모니터링 트윈 포함)을 말한다.

원격화(N/W & CLOUD)는 내부 센서와 외부 소스를 통해 종합적인 모니터링44을 하고, 모니터링을 바탕으로 변화에 대한 경고나 알림이 제공되면 모니터링 결과를 분석하여 제품/서비스의 기능 제어를 통한 동작이 이루어진다. 연결된 환경 내에서 모니터링, 제어 및 동작의 결과를 제품/서비스 운영을 최적화하는 알고리즘으로 우선 세팅하고 알고리즘 결과에 따라 동작함으로써 자율적인 제품 운영이 가능해진다. 상황에 맞게 스스로 모니터링, 제어 및 동작하며 자체 조정 및 자동화가 이루어진다.

원격 모니터링 트윈은 연결된 원격 상황에서 가상 세계에 만들어진 트윈을 관찰하고 인지하는 디지털 트윈의 가장 기본적인 단계로 본다. 원격 모니터링 트윈은 디지털화의 출발점이다. 원격 모니터링을 위해서는 데이터화 그리고 연결성이 기반이 되어야 하며 원격 상황을 인지·관찰할 수 있어야 다음 단계인 제어도 가능해진다.

원격 제어 트윈은 원격 모니터링 환경 기반에서 원격으로 제어해, 마치 현장에서 직접 기기를 확인하고 제어하는 것과 같은 상태를 의미한다. 작업자가 현장에 직접 가지 않고서 시간과 공간의 제약 없이 언제, 어디서나 기기에 접속, 상황을 인지하고 제어를 할 수 있는 상태로 디지털화를 통하여 가치를 극대화한다.

원격 최적화 트윈은 가상 공간에 저장한 조건 알고리즘에 따라 특징 조건 또는 단순 반복적 업무를 자동화한 상대다. 작업자의 시공간 제약을 없앨 뿐만 아니라, 특정 조건 또는 단순·반복적 업무를 자동화하고 가상 공간을 통하여 최적화한다.

완전 자동화 트윈은 가상 공간 속 트윈이 실제 현장 상황에 대한 인지를 바탕으로 상황에 맞게 자율적으로 (작업자의 개입 없이) 판단하여 동작하도록 하는 상태를 말한다. 자율적 자동화로 볼 수 있으며, 상황 인지와 작업자들의 활동들이 인공지능과 로봇에 의해 대체된다.

디지털 트윈을 위해서는 디지털화, 데이터화, 원격화, 클라우드화라는 기반과 함께 '데이터 수집과 관리'와 '사람과 산업 관성 인정'을 고려하며 진행해야 한다.45 데이터를 모으고, 활용할 수 있는 기반을 잘 만들어야 하며 목적을 명확히 하고 목적에 적합한 데이터를 확보해야 한다. 데이터가 잘못되면 그 이후에 이루어지는 모든 것이 오류가 발생할 우려가 있다.

데이터 관리도 중요하다. 완벽하게 복제되거나 자동화되기까지는 사람들의 적극적인 참여가 필요하다. 새로운 기술 도입보다는 산업의 특징 및 사람들의 적응이 성공과 실패의 관건이 될 수 있다. 산업의 고유한 특징, 사람들의 일하는 방식 등을 고려한 디지털화 · 데이터화가 중요하다. 디지털 트윈을 위해서는 아날로그 업무를 디지털화하는 것을 넘어서 정확한 데이터를 축적하고 공정에 맞게 데이터 적정성을 확보하고 상시적인 연결이 가능한 원격화 기반이 마련되어야 한다.

XR기기의 혁신 · 변환(Transformation)

메타버스 관련 기기의 기술혁신으로 메타버스를 지원하는 VR · AR 등 몰입 기기의 가격이 감소하는 추세다. 몰입 기기의 평균 가격은 1991년 41만 달러에서 2000년 2만 달러 수준으로 감소하였고, 이러한 혁신이 스마트폰의 추세를 따라간다면 2030년에는 1,700달러까지 하락할 전망이다.46 대표적인 몰입 기기인 오큘러스 퀘스트2Oculus Quest2에서 성능의 향상에도 불구하고, 가격은 하락하는 전형적인 기술혁신 패턴을 확인할 수 있다.47 최근 출시된 오큘러스2의 가격은 299$까지 하락하였다.

메타버스를 구현하는 AR SW, AR HW, 클라우드Cloud, 센서Sensor 등 다양한 세부 기술의 R&D 특허는 지속 증가 추세에 있다.[48] 빅테크 기업 메타는 오큘러스 퀘스트2Oculus Quest2만 착용하면 컴퓨터가 없어도 사무실에서 일할 수 있는 협업 플랫폼 인피니트 오피스Infinite Office, 가상생활 플랫폼으로 호라이즌Horizon이, 모바일 기기에 최적화된 AR필터 제작 플랫폼 스파크Spark AR 등 플랫폼 혁신을 가속화하고 있다.[49] 래이밴Ray-Ban과 제작 중인 AR 글래스Glass 프로젝트 아리아Aria 등 후속 기기 혁신도 준비 중이다.

메타버스 생태계를 유지하기 위해서는 다양한 가상 현실이나 증강 현실 콘텐츠와 애플리케이션을 경험하거나 유통할 수 있는 앱스토어가 필요하다. 오큘러스 앱스토어, 스팀VR 스토어 등이 대표적이다.

오큘러스 앱 스토어는 오큘러스의 퀘스트, 리프트Rift, 고Go, 기어VR 등 하드웨어를 구분한 카테고리 애플리케이션들이 있으며, 많은 앱 들을 유료로 판매하고 있다. 스팀VR 스토어는 스팀이 게임을 위한 스토어이지만 가상 현실을 위한 애플리케이션, 특히 게임을 중심으로 유통할 수 있는 공간이다. 스팀VR 역시 HTC 바이브Vive, 오큘러스 리프트, 윈도우 MR 등의 다양한 기기를 위한 가상 현실 콘텐츠를 구입할 수 있는 스토어다. 애플은 스마트폰을 위한 AR 앱을 운영하고 있으며, 주로 가상 현실 기술을 이용한 흥미 유발 애플리케이션이다.[50]

메타버스 기기의 발전 전망

메타버스를 구성하는 핵심 기술들은 4차 산업혁명을 이끌고 있는 XReXtended Reality, 빅데이터Big Data, 네트워크Network 기술과 인공지능Artificial Intelligence 등과 함께 발전하고 있는 범용기술General Purpose Technology의 복합체로 볼 수 있다.

범용기술은 경제 전반에 적용되어 생산성 향상을 유발하고 다른 기술과의 상호 보완 작용을 통해 기술적 조력자로서 산업 혁신에 기여하고 있다. 범용기술은 역사적으로 영향력이 큰 소수의 파괴적 기술을 의미하는 용어로 여러 산업에 공통으로 활용되어 혁신을 촉진하고 기술 진화가 빠른 기술을 의미한다. 과거부터 범용기술은 산업과 사회에 혁명을 견인해 왔으며, 18세기 말 증기기관, 20세기 초 전기, 20세기 말에는 인터넷이 범용기술의 역할을 하고 있다. XR, 빅데이터, 5G 등 네트워크, AI 각각의 기술은 전 산업에 다양한 용도로 영향을 미치며 혁신을 유도하는 범용기술로 인식되고 있다.[51]

메타버스 관련 기술혁신 추세는 지속될 전망이다. 메타버스 기술혁신 효과는 관련 몰입 기기와 소프트웨어와 콘텐츠 구매로 이어져 네트워크 효과가 나타나는 중이며, 글로벌 IT 기업들은 메타버스 분야 기술혁신을 위한 다양한 프로젝트를 발표하며, 치열한 주도권 다툼을 예고하고 있다.

메타버스 관련 기업에 대한 투자도 활발하게 이루어지고 있으며, 다수의 메타버스 기업들이 투자를 유치하거나, 상장 예정이며 기업 가치도 증가하고 있다. 다양한 메타버스 플랫폼의 확산과 기술혁신, 투자의 증가는 메타버스가 중요한 산업으로 확산이 본격화될 것으로 전망되며 메타버스 시대에 대한 다각적인 준비가 필요하다.

5장
교육의 미래와 메타버스

사회의 불평등은 바람직한 교육을 통해서만
해소할 수 있다. 교육의 목적은 인간성의
조화로운 발달에 있으며, 교육은 사회를
개혁하기 위한 유리한 수단이다.
(페스탈로치, 1746~1827)

1. 메타버스가 만드는 교육의 변화

메타버스는 교육에 어떤 영향을 미칠 것인가

메타버스Metaverse의 가장 큰 장점은 경험 가치를 제공한다는 데 있다. 현실 세계에서 체험하고 느끼기 어려운 상황을 가상 세계에서 경험하면서 교육하고 학습한다. 메타버스 가상 세계에서 타인들과 관계 행위를 통해 얻은 서로 간의 경험을 바탕으로 실습 등 학습 효과를 높일 수 있다. 위험이 따르는 작업장이나 어려움이 많은 현장에서의 경험도 실제 경험하는 것처럼 할 수 있어 학습자의 안전을 도모할 수 있고, 일어날 수 있는 다양한 위험들을 사전에 점검하고 감지할 수 있다.

이러한 가상 세계의 경험에서는 다양한 네트워크의 참여자들이 만들고 구성한 같은 가상 공간에서 서로 관계를 맺는 다 대 다 경험을 할 수 있다. 다른 학습자의 경험과 지식을 바로 습득할 수 있고, 경험하는 내용이 현실에서 발생하는 것과 같아 바로 실생활에서 응용을 할 수 있다. 물론 숙련도는 차이가 있겠지만 기존의 시뮬레이션 훈련을 넘어서는 다양한 학습 프로그램을 만들 수 있다.

메타버스가 시간과 공간을 극복함에 따라 양질의 교육을 학습자의 수준과 단계를 생각한 맞춤형 교육이 가능하다. 메타버스 플랫폼 내의 다양한 게임적 요소들을 적용하여 학습자들에게 흥미를 줄 수 있고, 학습의 몰입도를 높여 성과를 거둘 수 있다. 메타버스를 활용하여 고령화와 급변화는 사회에서 평생 교육을 효과적으로 실시할 수 있는 환경을 만들어낼 수 있다. 메타버스는 현실과 같은 환경을 만들 수 있고, 현실의 문제점을 예상하여 설계한 가상 학습 공간도 가능하다.

메타버스를 활용한 교육의 활성화는 사회 전체의 교육 수준을 높일 수 있고, 경험의 극대화는 기업의 인적 활용에 대한 경쟁력에도 도움이 된다. 이를 위해서는 교육을 위한 체계적인 메타버스 인프라 구축과 학습 프로그램, 학습 가상 공간의 확대 등 교육의 패러다임 전환을 위한 전 사회적인 노력이 요구된다.

제페토zepeto, 이프랜드ifland, 게더타운gather town 등 많은 메타버스 플랫폼들이 있지만, 교육을 전문으로 운영하는 메타버스 플랫폼은 없다. 지금까지는 교육과 관련하여 회의, 상담 등 다양한 시도들이 이루어지고 있으나 메타버스를 경험하는 정도다.

제페토(그림5-1)는 10대들이 주로 이용하는 메타버스 플랫폼이었지만 최근에는 구찌, CJ 등 대기업과 공공 영역에서 참가하고 있을 정도로 국내 메타버스 플랫폼으로 글로벌 경쟁력을 가지고 있다. 고퀄리티의 아바타와 가상 세계를 구현하고 있다보니 동시에 참여할 수 있는 인원은 16명이 최대다. 많은 인원을 수용할 수 없다는 아쉬움이 있지만, 현실 세계와 거의 같은 모습을 구현해냈다는 점에 매력이 크다. 실제와 흡사하게 구현할 수 있는 아바타를 통해 가상 세계에서 다른 사람들과 소통도 가능하다.

실제로 직접 얼굴 보면서 하는 상담의 경우에 발생하는 상담을 받는 사람이 겪는 어색함이나 부담감을 줄이기 위해 적극적으로 메타버스 플랫폼을 활용하고 있다. 교육부는 교육 회복 지원 관련 사업 중 하나로

그림5-1   제페토 홈페이지

그림5-2 이프랜드 홈페이지

선·후배 연결 교류 프로그램인 선배 동행 프로그램을 운영하면서 직접 만나는 부담감을 줄이기 위해 메타버스 플랫폼을 활용하고 있다. 멘토링 프로그램은 1:1 혹은 소수로 진행되어 맞춤형 개별 상담이 가능함으로써 고민이 많은 청소년이나 직접 접촉하기 어려운 사람들에게 메타버스 플랫폼을 활용하여 교육의 효과를 높일 필요가 있다.

이프랜드ifland(그림5-2)**도** 새로운 학습 공간이나 공동체 활동 공간으로 활용되고 있다. 컨퍼런스 홀, 카페, 교실, 운동장 등 다양한 맵 설정이 가능하다. 비밀방 개설이 가능하고, 특정 집단 인원만 모여서 사용할 수 있다.

서울 강동구는 2022년 1월 27일 3차원 가상 세계인 메타버스 플랫폼 이프랜드를 통해 '2022년 제1회 강동형 스마트 도시 리빙랩'을 진행했다. 스마트 도시 리빙랩은 '살아 있는 실험실'이라는 의미로, 정보통신기술(ICT)를 활용해 생활 속에서 발생하는 도시 문제를 주민이 직접 참여하여 해결하는 주민 참여 정책을 말한다.

이번 리빙랩은 코로나19 상황에 따라 최근 유행하는 메타버스를 활용한 비대면 방식으로 진행됐다. 가상 공간 리빙랩에 초대된 스마트 강동 구민참여단은 '초미세먼지 차단 솔루션', '쓰레기 무단 투기 방지 솔

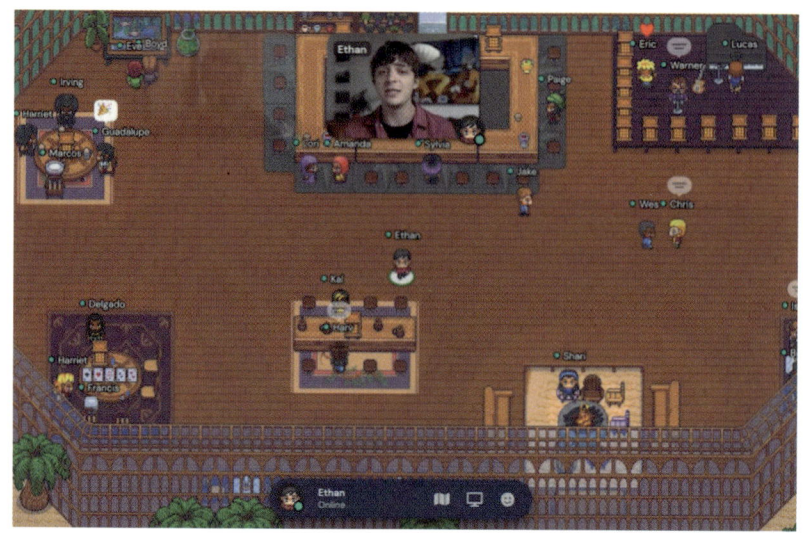

그림5-3　게더타운 홈페이지

루션' 등 올해의 추진 과제 선정을 위한 논의를 진행했다. 이날 제시된 의견들은 논의를 통해 추진 과제로 선정할 예정이며, 주민 참여 예산 등에 응모하는 등 강동구에 특화된 스마트 도시 실현에 필요한 정책에 반영할 계획이다. 스마트 도시 리빙랩'과 '메타버스'는 현실을 넘어서 새로운 세계를 창조한다는 점에서 비슷하고 잘 어울리는 조합이다.52

　미국의 게더타운Gather town(그림5-3)은 직접 맵을 구성할 수 있다. 교사가 교육적 활동을 구상할 때 교육의 의미를 두고 진행할 수 있다는 점이 장점이다. 학생들이 교사의 안내에 따라 장소를 찾아가고 그곳에 있는 메시지나 문서, 영상 등을 통해 정보를 얻을 수 있다.

　2021년 8월에는 서울대, 고려대, 연세대, 성균관대, 서강대, 한양대 등 6개 대학 연합으로 메타버스를 활용한 온라인 취업 박람회를 열었다. 또한, 연세대학교 글로벌 인재 대학에서는 게더타운 플랫폼을 활용해 2021년 11월에 4시간 동안 학생 100여 명이 참석한 가운데 메타버스 MT Membership Training를 개최하였다. 이번 MT뿐만 아니라 포스트코로나

시대가 와도 전공 설명회, 취업 특강, 교수와 학생 간 교류를 메타버스를 통해 계속 이어갈 예정이다.53

교육의 패러다임을 바꾸는 메타버스

메타버스는 다양한 기술들인 증강현실Augmented Reality, 가상 세계 Virtual world, 거울세계Mirror World, 라이프로깅Life logging 등이 융복합되어 교육 현장에 활용될 것으로 보인다.

증강현실AR은 현실 세계에 가상의 물체를 덧씌워서 대상을 입체적이고 실재감이 있게 만들 수 있어 정밀산업 분야 등 활용 범위가 넓고 가상 경험을 통한 교육 효과도 크게 나타난다. 정보를 효과적으로 강조하여 제시하고 편의성을 도모하는 것으로, 자동차 운전석 앞 유리에 투영되는 헤드업디스플레이*의 경우처럼 가상의 디지털 정보를 통해 실제 보이지 않는 부분을 시각적이고 입체적으로 학습하여 효과적으로 문제를 해결할 수 있다.

직접 관찰이 어렵거나 텍스트로 설명하기 어려운 내용을 심층적으로 이해하고, 학습자 스스로가 체험을 통해 지식을 구성해 나갈 수 있으며, 학습 맥락에 몰입된 상태에서 읽고, 쓰고, 말하는 등의 상호작용 경험을 할 수 있다.54 메타버스 교육 인프라가 비용과 네트워크 문제 등 교육 현장에 적극적으로 활용되고 있지 않지만 교육 효과가 높은 부분부터 체계적으로 활용할 필요가 있다.

가상 세계를 활용하면 정교한 컴퓨터 그래픽 작업, 특히 3D 기술로 구현된 가상 환경에서 사용자가 이질감 없이 연결된 인터페이스를 통해

---

* HUD: Head - up Display의 약자로, 조종사와 운전자가 계기판을 보기 위해 고개를 숙였다 들었다 하지 않고 고개를 든 채로 볼 수 있게 해주는 디스플레이(위키피디아, 2022)

서 다양한 학습 등을 할 수 있다. 현실에서 발생할 확률이 낮지만, 실제 발생하는 경우에 막대한 피해가 일어나는 다양한 상황(지진, 화산 등) 등을 현실로는 고비용, 고위험의 문제로 연출하기 어려운 환경이기 때문에 가상 시뮬레이션을 통해서 실습을 포함하여 효과적으로 교육할 수 있다. 작업자가 현장에서 오류를 일으키거나 잘못 판단하면 위험에 노출되는 화재 진압, 항공기 조종, 위험한 수술 등을 실제 경험처럼 학습할 수 있다.

가상 세계는 시간을 극복한다. 과거 혹은 미래 시대 등 현실에서 경험할 수 없는 시·공간을 몰입해서 체험하고 배울 수 있다. 그리고 학습자가 어떤 행위를 했을 때 미래에 나타나는 효과 등을 예측할 수 있다. 가상 세계를 통하여 학습자는 개인의 능력과 특성을 고려하여 유연하고 전략적인 사고와 종합적 판단력을 배울 수 있는 여러 가지 다양한 상황을 연출하고 학습할 수 있다. 인공지능과 연계하여 반복되는 실수를 효과적으로 교정하는 등 가상 세계의 기술은 교육 현장에 필수적으로 활용될 것이다.

거울세계의 기술적 특징Technological Characteristics은 첫째, GPS와 네트워킹 기술 등을 결합하여 현실 세계를 확장시킨다. 구글어스, 카카오 로드맵의 로드뷰, 각종 지도 어플리케이션 등의 경우이다. 둘째, 특정 목적을 위하여 현실 세계의 모습을 거울에 비춘 듯이 가상의 세계에 구현한다. 예컨대 에어비엔비, 미네르바스쿨, 음식 주문 앱, 택시 호출, 버스 노선 안내, 주차장 찾기 앱 등이다. 셋째, 현실의 모든 것을 담지 않지만 필요한 현실 세계를 효율적으로 확장하여 재미와 놀이, 관리와 운영의 융통성, 집단지성을 증대시킨다. 마인크래프트, 업랜드, 디지털 실험실 등이다.

거울세계의 교육적 시사점Pedagogical Affordances은 교수학습의 공간적·물리적 한계성을 극복하고, 거울세계의 메타버스 안에서 학습이 이루어진다. 대표적인 거울세계인 온라인 화상회의 도구Tool 및 협력 도구

Zoom, Webex, Google Meets, Teams를 통해 온라인 실시간 수업을 진행할 수 있다. 거울세계를 통해 학습자들은 만들면서 학습하기learning by making를 실현할 수 있다. 예컨대 마인크래프트 상에서 학생들이 역사적 건축물 불국사, 경복궁, 첨성대, 타지마할, 에펠탑 등을 지어보고, 복원된 디지털 유산을 체험하며, 역사와 문화에 대한 이해를 깊이 있게 할 수 있다.55 거울세계를 효과적으로 활용하기 위해서는 교육이 필요한 다양한 부문에 대한 디지털 트윈이 활발하게 이루어져야 하고, 통신 인프라의 발전과 체험할 수 있는 공간 등을 확보하여 일반 시민과 학생들의 접근성을 높이는 노력이 필요하다.

라이프로깅은 소셜미디어와 SNS를 통해 자신의 일상과 생각이 생산적으로 콘텐츠화되고 공유하는 것을 말하는데, 메타버스 시대의 새로운 기술은 아니다. 일상생활에서 사물인터넷이 일상화되고 웨어러블 기기 등이 연결되면서 빅데이터, 인공지능과 결합하여 운동, 건강, 의료 등과 관련된 새로운 산업 발전의 기반이 될 수 있다. 교육자는 학습자의 생활과 생각을 합리적으로 판단하여 맞춤형 학습을 할 수 있고, 성장기 학생들의 문제들을 찾아내고서 적절한 지원을 할 수 있다.

그러나 데이터가 있더라도 학습자를 규정하는 것은 위험할 수 있다. 사람은 상황에 따라 변화가 다양하며, 인터넷에서 활동하는 모습과 실제 모습이 다를 수도 있다. 그리고 빅데이터를 기반으로 학습자를 유형화하고 단순화하면 다양한 학습자의 모습을 놓치고 잘못된 교육적 판단을 할 수 있다. 교육 현장에서도 현실 세계와 디지털 세계를 구분하여 볼 필요가 있으며, 이 둘을 효과적으로 결합하여 교육의 효과를 높이기 위한 다양한 논의가 필요하다.

미국의 교육학자 에드가 데일Edgar Dale은 사람은 읽은 것은 10%, 들은 것은 20%, 본 것은 30%를 기억하지만, 실제로 행동한 것은 90%를 기억한다고 한다. 영국의 역사가 토머스 칼라일Thomas Carlyle은 경험은 가장 훌륭한 스승이다. 다만 "학비가 비쌀 따름이다"라고 경험의 중요성을 강조하였다.

메타버스는 다양한 기술의 복합적 사용으로 인해 기존 인터넷 시대와 차별화된 경험 가치 제공이 가능하고, 기존에는 오랜 시간이 걸리던 경험을 효과적으로 줄일 수 있다. 시간은 돈이다. 그런 면에서 토마스 칼라일의 말처럼 학비가 비싼 경험을 메타버스 플랫폼 내에서 저렴하게 이용할 수 있다. 메타버스 시대에 디지털 격차는 빈부의 격차로 이어질 가능성이 크다. 메타버스 플랫폼들이 교육에 관한 한 누구나 이용할 수 있는 자유로운 공간을 제공하려는 노력이 필요한 이유다.

메타버스에서 교육은 가상 공간에서 관계 경험에 따른 교육에 새롭게 주목해볼 필요가 있다. 기술이 발전하면서 여러 명이 함께 하나의 공간에서 실감 콘텐츠로 상호작용하는 것이 가능하다. 메타버스는 현실에서 체험하기 어려운 경험을 생성하고 확장을 통해 교육이 이루어진다. 즉 현실 세계에서 주고받을 수 없는 경험을 주고받아야만 교육적으로 성공할 수 있다. 이를 바탕으로 맞춤형 교육을 제공하고 실감 미디어를 활용한 몰입도 높은 교육이 이루어진다. 시간과 공간을 초월하는 메타버스 공간은 학교 교육 이외에도 도시와 농촌 간 지역 격차와 교육 사각지대를 해소하고 교육 격차를 줄이는 역할을 할 수 있다.

메타버스를 활용한 다양한 교육들이 시도되고 있다. 부캐*를 활용한 교육도 그 중 하나다. 강원대에서는 2021년 그동안 오프라인으로 진행하던 고민 콘서트를 학생들의 닉네임을 적용한 온라인으로 진행했는데 참여도가 크게 활성화되었다. 유튜브 채팅창에는 고민거리가 쉼 없이 올라왔으며 학생들끼리 고민에 답을 해주거나 추가적인 질문을 올리기

---

* 부캐는 '부캐릭터', 즉 '서브 캐릭터'라는 뜻으로, 원래의 '본캐(본캐릭터)' 또는 '메인 캐릭터'와 별도로 만든 자신의 두 번째 캐릭터를 의미한다.

도 했다. 온라인에서는 본캐가 아닌 부캐를 활용할 수 있도록 하자 자신의 고민을 남들에게 드러내는 것을 주저하던 학생들이 불안감이 줄어들자 더 외향적이고 적극적으로 자신들의 생각을 드러낸 것이다.56

사실 개인이 고민을 공유하고 노출하는 것은 쉬운 일이 아니다. 자신의 정보가 타인에 의해 잘못 사용될 수 있고 그로 인한 개인적 피해도 많이 발생한다. 온라인상에서 악플이나 고민으로 인하여 고통을 받는 사람이 많은 이유는 개인의 고민을 같이 나누고 상담할 수 있는 공간이 부족하고, 이를 체계적으로 관리하는 시스템이 부족한 면이 없지 않다. 메타버스 공간에서 개인의 고민이나 교육과 관련된 다양한 채널이 필요하다. 메타버스 공간은 개인적 소외감이나 고민으로 사회로부터 일탈이 우려되는 많은 사람을 포용할 수 있도록 새로운 공동체 공간으로 만들려는 노력이 요구된다.

경험과 네트워크의 새로운 장을 여는 메타버스

메타버스의 선두 주자 로블록스는 이용자가 레고처럼 생긴 아바타가 되어 가상 세계에서 활동하는 게임으로 코로나19 사태로 등교를 못하게 된 미국 초등학생들이 상호소통할 수 있는 통로가 되면서 전 세계적으로 크게 인기몰이를 하고 있다.

미국에서만 16세 미만 청소년의 55%가 가입했고, 하루 평균 접속자만 4,000만 명에 육박한다고 하니 그 인기가 가히 상상을 불허한다. 이곳에서는 학생들이 다른 이용자와 함께 테마파크를 건설하고 운영한다. 애완동물을 입양하여 키울 수 있고, 레스토랑을 지어서 경영해볼 수 있으며, 스쿠버다이버가 되어 전 세계 곳곳을 헤엄칠 수 있다. 다양한 세상과 직업군을 경험해 자신의 진로와 적성을 찾아야 하는 학생들에게 경험하지 못할 세계가 없다는 점이 바로 이 메타버스 세상의 장점이다.

이러한 가상 공간은 현실 공간을 넘나들면서 새로운 사업 기회를 창출하고 미래의 청소년들이 직업·진로 체험이나 금융·경제 등 다양한 실무적인 교육을 효과적으로 할 수 있다. 실제 우리나라 메타버스 선두 주자인 모 기업의 경우 나만의 아이템을 직접 만드는 크리에이터가 되어 이를 판매할 수 있게 했다. 가상 공간에 있는 또 다른 내가 현실 세계에서 못했던 꿈과 목표를 실현할 수 있는 새로운 기회를 갖게된다.[57]

메타버스를 활용한 교육의 또 다른 장점은 메타버스 환경에서는 서로가 배움을 주고받을 수 있다는 것이다. 직장 생활을 하면서 우리가 가장 많은 깨달음과 지식을 얻는 것은 교육 프로그램보다는 같이 일하는 동료를 통해서다. 메타버스를 활용한 기업 교육이 일상화되면 지금처럼 특정 공간에 가서 짜인 일정에 맞춰서 참여하는 교육은 점차 사라질 것이다. 오히려 SNS를 활용해 짬짬이 자신의 노하우를 공유하고 댓글을 주고받으면서 추가 정보를 나누고, 자신이 꼭 듣고 싶은 교육은 온라인 공개 수업인 무크(MOOC:Massive Open Online Course)를 통해 편한 시간에 편한 장소에서 들을 수 있게 된다. 메타버스를 활용한 교육이 조직 내에 활성화되면 배움은 특별한 이벤트가 아닌 '일상'이 된다.[58] 메타버스를 통하여 새로운 네트워크가 형성되면서 경험 공유의 범위가 넓어지고 경험의 질도 높아지게 될 것이다.

그동안 우리는 교육과 일의 공간을 분리했다. 취업을 하게 되면 연수원에서 일정 기간 교육을 진행했고, 현업에 돌아가서는 각자가 배운 내용을 바탕으로 현장에 적용하도록 했다. 이러한 방식은 산업화 시대에 유용한 방식이다. 제조업 중심의 산업화 시대에는 표준화가 매우 중요한 이슈였고, 이런 표준을 구성원들이 빠르게 배워야 했다. 이런 관점에서 연수원이나 교육장에 학습자를 모아서 일 중심으로 교육을 하는 것은 비용 대비 효율성 측면에서 매우 합리적인 방식이었다.

하지만 지금처럼 4차 산업혁명 시대에 변화가 빠른 환경에서는 집단적 연수를 교육보다는 네트워크 형성과 새로운 조직 문화를 만들기 위한 현장 공간의 역할로 전환할 필요가 있다. 또한 모바일 시대로 접어 드는 시점에서 학습자들은 연수원, 교육장에 있는 콘텐츠를 각자의 손 안에 있는 스마트폰으로 상시 접속이 가능하다. 즉 과거에는 교육이 이루어지는 공간이 교육장에서만 가능했다면 지금은 기술의 발달로 얼마든지 일터와 삶의 현장에서 이루어질 수 있다. 이런 의미에서 메타버스는 일과 학습을 결합하는 역할에 기폭제가 될 것이다.

최근 메타버스 기술을 활용한 교육은 교육장이 아닌 일하는 현장에서의 배움에 그치지 않고서 곧바로 성과와 직결되는 방향으로 변화하고 있다. 특히 AR 기술은 이런 측면에서 매우 효과적인 방법으로 활용된다. 증강현실(AR)은 일하는 현장과 학습을 결합할 수 있는 최적의 도구다. 가상 현실(VR)이 몰입도가 높은 학습을 제공할 수는 있지만, 근본적으로 가상 현실에서의 학습이란 한계를 벗어날 수 없다. 하지만 증강현실은 실제 근무하는 환경에서 학습 정보를 투영할 수 있어 학습과 실행의 간극을 이론적으로는 없앨 수 있다.

예를 들어 어떤 기계의 정비 매뉴얼을 학습하고자 할 때 증강현실을 활용한다고 해보자. 이때 학습자는 스마트폰 카메라로 해당 기기를 촬영하는 동시에 같은 화면에서 나타나는 증강현실 가이드에 따라 기기 정비를 수행하면 된다. 일과 학습이 효율적으로 결합하면서 기업의 경쟁력을 높이고 생산성 향상을 가져올 수 있다.

항공기 제작사인 보잉사는 자사 기술자들에게 AR 기반의 스마트 안경 기기를 활용하여 가이드를 통해 항공기의 배선 도면을 활용하게 했다. 과거 한 손으로는 도면을 다른 손으로는 작업을 진행했지만, 스마트 안경을 통해 현실과 가상이 적절히 융화되면서 자유롭게 손을 활용할 수 있게 되었다. 또한 AR 프로그램이 배선에 대한 상세 가이드를 제공함으로써 업무에 대한 부담 또한 보완해줄 수 있도록 하였다. 이를 통해 배선 제거 시간을 25% 줄일 수 있었고, 오류 비율도 제로로 만들었다.[59]

AR이 산업 현장, 교육, 여행, 헬스케어 등 활용 범위가 확대되면서 시장 규모도 급속하게 확대되고 있다. 글로벌 신용조사기관인 P&S 마켓 리서치Market Research가 2020년 9월 조사한 자료에 따르면 AR과 VR 시장 규모가 2019년 370억 달러에서 2030년에는 1조2천7백억 달러로 2020년에서 2030년까지 연평균 42.9%의 고속 성장을 할 것으로 예상한다.

2. 디지털 리터러시와 메타버스 경쟁력

정부의 메타버스 인력 양성 계획

정부도 메타버스 활성화에 적극적이다. 정부는 2022년 메타버스 신산업 선도 전략을 발표하고 2026년까지 메타버스 전문가를 4만 명 양성할 계획이다. 2022년에 메타버스 아카데미를 신설해 인문·예술적 소양과 기술 역량을 바탕으로 메타버스 생태계를 이해하고 주체로 활동할 실무 전문 인력을 180명 양성하고, 재직자와 채용 예정자 2만 2,700명을 대상으로 실무 역량을 강화하는 교육을 한다(그림5-4).

아울러 메타버스 요소기술과 인문사회 분야 4년제 대학이 연합한 융합전문대학원 2개의 설립·운영을 지원한다. 석·박사 대상으로 운영하는 메타버스 랩은 10개에서 2025년까지 17개로 늘려 메타버스 솔루션 개발 및 창업·사업화를 지원하고, 실감 미디어 분야 핵심 인재 및 연구 인력 양성을 위한 전문학사, 학사 및 석·박사 과정을 지원한다.[60]

고용노동부는 2022년 2월 상반기에 운영할 파이썬에서 메타버스까지 "K-디지털 기초 역량 훈련"* 과정에서 메타버스 과정을 신설했고, 사

---

* 청년, 중장년 구직자에게 디지털 역량을 키워 노동시장 진입시 적응에 어려움을 겪지 않도록 디지털 신기술 분야 기초 역량 개발을 지원하는 훈련으로 때와 장소를 구분

그림5-4 2022년 정부의 '메타버스 신산업 선도전략'

하지 않고 수강할 수 있는 100% 인터넷 원격 훈련 과정.

물인터넷, 3D 디자인 분야 등으로 과정을 다양화했다. 전국의 대학과 협의를 통해 대학에서 자율적으로 운영 중인 비교과 포인트 제도61와 연계해서 훈련 수료 청년층에 대한 혜택을 강화한다. 2021년 하반기부터 각 대학과 협의를 시작해 45개 학교가 제도 연계에 동참하기로 하여 대학 3~4학년 학생들의 참여가 활발하게 이루어질 것으로 기대된다.

K-디지털 기초 역량 훈련은 미니 프로젝트, 1:1 코드 리뷰, 게더타운을 통한 학습자 커뮤니티 운영 등 훈련 과정에 따라 자유로운 실습 및 자기 주도 학습환경을 제공하여 참여자의 역량이 향상될 수 있는 학습 기회를 충분히 부여한다. 이를 통해 현장 실무 경험이 없는 대학생이나 비전공 구직자 등에게 큰 도움이 될 것으로 기대된다.62

이러한 정부의 메타버스 인력 양성 계획의 실현을 위해서는 대학 등 교육기관에서는 다가올 메타버스 시대를 개척할 수 있는 디지털 인재로 성장할 수 있도록 인력 양성을 체계적으로 실시하여야 한다. 이를 위해 산·학·연·관이 연계된 메타버스 교육 플랫폼을 함께 연구하고 메타버스 경쟁력을 가질 수 있도록 만들어나갈 필요가 있다.

메타버스가 주는 기회를 활용하기 위해서는 디지털 리터러시digital literacy가* 필요하다. 메타버스를 효율적으로 활용할 수 있도록 코딩coding을 포함한 디지털 교육을 강화할 필요가 있다. 디지털 리터러시는 디지털 기술과 도구를 활용해 업무와 생활에 필요한 각종 정보를 수집하고 분석 활용하여 업무에서는 성과 향상을 높이고, 생활에서는 새로운 패턴을 창출하는 디지털 기능이다.

---

* 위키피디아에 의하면 디지털 리터러시(digital literacy) 또는 디지털 문해력은 디지털 플랫폼의 다양한 미디어를 접하면서 명확한 정보를 찾고, 평가하고, 조합하는 개인의 능력을 뜻한다. 그러나 최근 디지털에 대한 중요성이 높아지면서 좀 더 포괄적인 의미로 사용되고 있다.

국가 내 개인의 디지털 리터러시 수준은 국가의 미래 사회에 대한 준비 능력을 말해준다. 디지털 리터러시는 비판적 사고와 평가, 디지털 안전, 문화 및 사회적 이해, 공동 연구, 기능적 기술, 창조성, 효율적 의사소통, 정보 검색 선택 영역으로 구성된다(그림5-5).63

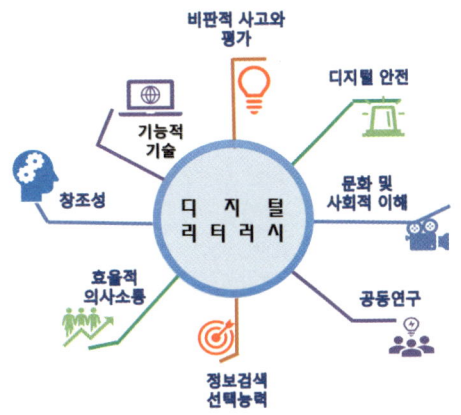

그림5-5 디지털 리터러시 구성요소
출처: Sarah Payton and Cassie Hague, *Digital Literacy in pratice*, 저자 재작성

디지털 리터러시의 활성화는 사회의 디지털 역량을 높이고 정보화 사회 진입을 앞당길 수 있다. 사회 전반에 걸친 디지털화와 함께 계층과 세대 그리고 장애 유무에 상관없이 디지털 사회에 접근할 수 있도록 해야 한다. 디지털 불평등 해소와 모든 세대를 아우르는 디지털 포용*은 사회 불평등을 줄이고 사회 통합을 이루어낼 수 있다. 디지털 리터러시를 높이기 위한 정부와 교육기관 등 사회 전체의 노력이 요구된다.

메타버스의 전문성을 높이고 국민의 메타버스 접근성을 강화하기 위해서는 메타버스와 관련된 국가 기술 자격제도를 체계적으로 제도화해서 도입해야 한다.

메타버스 자격증 실태를 살펴보면 메타버스 관련 민간 자격증이 2022년 새해가 시작된 이후 이틀에 하나꼴로 생겨나면서 1월 말 현재 21개에 달한다. 하지만 우후죽순 생겨나는 메타버스 민간 자격증의 내용을 살펴보면 고개를 갸우뚱하게 된다.

---

* 사회적 약자를 포함해 모든 사회구성원이 차별과 배제 없이 디지털 기술의 혜택을 고르게 누리기 위한 노력을 말한다.

한국직업능력연구원의 민간 자격 정보서비스에 따르면 올해 1월까지 등록된 민간 자격에는 △메타버스 비즈니스 전문가 △메타버스 전문강사 △메타버스 콘텐츠 전문가 △메타버스 전문가 △메타버스 콘텐츠 활용 지도사 등이 있다. 지난해 등록된 민간 자격증의 이름들도 비슷하다. △메타버스 교육지도사 △메타버스 컨설턴트 △메타버스 관리사 등이다. 심지어 '메타버스 전문가'라는 자격증은 서로 다른 3곳의 기관이 따로 등록해 별개의 자격증으로 존재한다.

한국직업능력연구원 측에 따르면, 민간 자격 등록을 신청한 자는 최소 3개월의 심사 과정을 통해 민간 자격을 부여받는다. 법을 위반하거나 국민의 생명·안전에 위협이 되는 등 지정된 금지 분야에 해당하지 않으면 자격 내용에는 제한이 없다. 자격증 취득을 위한 강의 수업 과정을 살펴보면 대체로 메타버스에 대한 이론 수업과 메타버스 플랫폼인 이프랜드, 제페토, 게더타운을 직접 해보는 실습 수업이 주를 이룬다. 실습 내용은 메타버스 플랫폼 내에서 업무 공간이나 회의 장소를 직접 만들어보고 아이템을 배치하는 일이 대부분이다. 메타버스 생태계를 풍부하게 만드는 아이템 제작에 필요한 3D 모델링 프로그램 '마야'와 같은 프로그램 수업은 강의 과정에서 찾아보기 어렵다.

돈과 시간을 쏟아 메타버스 플랫폼에서 직접 실습을 해서 민간 자격증을 취득하면 메타버스 산업 성장에 도움이 될까? 전문가들은 아직 무르익지 않은 메타버스에는 민간 자격증이 도움이 되지 않을 수 있다고 입을 모은다. 김상균 강원대학교 산업공학 전공 교수는 "강의 내용이 체계적으로 잘 만들어졌다기보다는 급조된 내용이 많고 신뢰성이 부족해 자격증을 활용할 수 있는 부분이 제한적일 것"이라고 의견을 냈다. 실제로 관련 수업들은 메타버스를 이용한 플랫폼 꾸미기와 콘텐츠 제작에 집중돼 있다. 실제 메타버스 제작 현장에서 함께 따라오는 개념인 대체불가능토큰(NFT)이나 경제 구조, 블록체인 기술에 관해서는 설명이 부족하거나 없는 경우가 부지기수였다. 전성민 가천대학교 경영학부 교수 역시 "메타버스와 관련된 정보는 지금도 계속 쏟아져 나오고 있는데, 자격증을 땄다고 이것을 모두 따라갈 수 있을지는 조금 의문"이라며 "강의를 들으면서 메타버스에 친숙하게 다가간다는 점은 도움이 되겠지만 현재로서는 아주 파편적인 정보일 것"이라고 말했다. 이어 "메타버스 관련 인재를 키우는 건 결국 교육 구조의 문제"라면서 "초·중·고뿐만 아니라 대학 학부에서 IT 전문가를 키우고 이들이 다시 강단에 서서 또 다른 인재를 키울 수 있게끔 교육 구조의 선순환이 필요하다"고 지적했다.[64]

메타버스 시대에 유망한 메타버스 관련 직업으로는 메타버스 크리에이터, 메타버스 건축가, 메타버스 공인중개사, 아바타 디자이너 등이다. 이러한 직업들은 3D 모델링이나 디자인, 프로그래밍의 수준 높은 능력이 필요하다.

2021년 12월 정부는 메타버스 크리에이터, 콘텐츠 가치 평가사 등 총 18개 신직업을 발굴해 국가 자격 도입, 전문 인력 양성 프로그램 개발·운영 등 시장 안착을 지원하겠다고 밝혔다. 이러한 계획에 맞춰 정부에서는 신속하게 메타버스 관련 국가 기술 자격제도를 도입할 필요가 있다. 그래야 산업 현장에서 필요로 하는 기술 전문가가 양성되고 현장성이 떨어지는 민간 자격의 난립을 방지하면서 메타버스 교육과 관련된 예산의 낭비를 줄이고 메타버스에 관한 올바른 교육이 진행될 수 있다.

3. 메타버스를 활용한 교육 사례

메타버스를 활용하여 교육의 변화를 이끈다.

게임 시스템을 활용하여 교육의 다양성을 이끈다. 건국대 동물자원과학과의 게임 시스템 활용 사례는 전공 수업인 '초지 및 사료 작물학'

강의에 게임 시스템을 접목했다. 초지 및 사료 작물학 수업은 이론과 실습이 결합된 강의다. 소들이 먹는 풀 사료에 대해 배우고 사료 작물 재배를 실습한다. 게임에서 '퀘스트(과제)'가 주어지면 이용자가 이를 해결하며 보상을 획득하는 시스템이 수업에 그대로 적용됐다. 사료를 일정량 이상 수확할 경우, 씨앗 100개를 채종한 경우 등 실습을 통해 얻을 수 있는 결과를 퀘스트[*]로 설정했다.

학생들은 퀘스트를 해결할 때마다 점수를 획득할 수 있고 이 점수는 성적에 15% 반영함으로써 퀘스트 참여도를 높였다. 퀘스트 참여도는 곧장 수업 몰입도와 연결됐다. 수업에 대한 흥미를 높이기 위해 실습장 보물찾기, 마피아 게임 등 추가적인 퀘스트도 진행됐다. 학생들 간 협업이 필요한 과정에서 협업 도구인 구글의 슬랙Slack을 활용한 점도 주목을 받았다. 학생들이 퀘스트를 수행할 경우 이곳에 인증샷을 올려 공유하고 이를 즉각 점수에 반영했다.

교수자는 물론 학생들도 다른 학생이 올린 인증샷에 피드백을 함으로써 성과를 공유하도록 했다. "슬랙을 활용해 학생 참여를 높인 것은 좋은 시도이며, LMS를 활용하는 수업의 경우 학습 과정이 드러나지 않는다는 한계가 있는데 이를 해결할 수 있는 방안이다"고 평가했다. 넓은 범위의 실습장에서 진행되는 수업이라는 점에서 원격 수업의 장점을 극대화했다. 기존 대면 실습 수업 상황에서는 학생과 물리적 거리가 학습 효과를 떨어트렸지만, 원격 실습 수업을 하면서 물리적 거리를 극복할 수 있었다. 담당 교수는 "오히려 50명 가량 되는 전체 학생을 대상으로 좁

---

[*] 퀘스트(Quest)는 롤플레잉 게임에서 주인공이 NPC로 부터 하달받는 일종의 임무를 뜻한다. 퀘스트의 내용은 주로 특정 몬스터를 상대해 이기는 것이나 특정 아이템을 획득하는 등등이 있다. 퀘스트를 완료하는 경우 해당 퀘스트를 하달한 캐릭터에게 그에 대한 대가나 보상을 받는다.(위키백과)

은 초지단(실습장)에서 다같이 설명을 하는 것보다 원격 실습 방식으로 하니 소외되는 학생이 없이 정보를 전달할 수 있었다"고 설명했다.

수업을 게임처럼 느낄 수 있는 보조적 장치들도 활용됐다. 강의 성격과 유사한 유명 농장 RPG 게임인 '스타듀 밸리'의 도입 부분을 패러디한 강의 초대 영상을 만들어 활용한 것이다. 담당 교수는 "코로나19 이후로 비대면 강의로 전환되면서 학생들의 학업 성취에 대한 동기부여 저하가 걱정됐다"며, "학습 동기를 고취하고 학과 소속감을 느껴볼 수 있는 비대면 강의를 만들어보고자 했다"고 말했다. 또한 사정상 실습장 방문이 어려운 학생들에게는 NPC(Non-Player Character, 게임에서 플레이어가 조종할 수 없는 캐릭터)와 같이 과제 운영 역할을 맡겼다. 덕분에 수업에 참여하는 학생들의 몰입감을 높이는 동시에 수업 운영에 필요한 인력을 보강하는 효과를 가져왔다.

이에 대해 한 전문가는 "학습자가 직접 활동을 조직하는 '활동 중심 교육 과정'은 교육공학에서 매우 중요한 개념인데, 학생들이 NPC로 수업을 운영하는 데 참여시켜 이를 자연스럽게 실현했다"고 평했다.

플랫폼을 활용한 원격 캠프로 참여율과 만족도를 높인다. 가천대는 집단 캠프를 원격 프로그램으로 운영하며 높은 학습 성과를 거두었다. 그간 무박 2일로 진행해왔던 신입생 적응 프로그램 '창의 NTree'를 원격 캠프로 방식을 전환했다. 코로나19 팬데믹으로 대규모 대면 캠프를 운영하는 데 제한이 생겼기 때문이다. 대면에서 원격으로 캠프 운영 방법을 바꾸자 오히려 학생 참여율과 만족도가 향상되는 결과가 나타났다.

기존 방식대로 대면 집단 캠프였던 2019년 당시에는 학생 참여율이 87.87%(2,998명), 만족도가 5점 만점에 3.81점으로 나타난 데 비해 처음 원격 캠프로 전환한 2020년에는 참여율 92%(2,941명), 만족도는 4.05점으로 모두 올라갔다. 두 번째 원격 캠프였던 2021년 1학기에는 참여율 97%(1,932명), 만족도 4.21점으로 한층 더 상승했다.

캠프를 통해 향상을 목표했던 역량의 성취 효과도 원격 캠프에서 더 높게 나타났다. 가천대는 캠프의 핵심 역량으로 △혁신성 △진취성 △위험 감수성 △자기 효능감 △문제 해결 △협업 능력 등을 설정했고 모든 영역에서 2019년보다 2020년 이후 더 높은 역량 향상 효과가 나타났다.

이는 캠프 진행 과정에서 적재적소에 원격 플랫폼을 활용한 덕분이었다. 가천대는 조별 토의 과정에 온라인 미팅 솔루션 시스코Cisco의 '웹엑스Webex'를 활용했다. 참여자들이 원격으로 아이디어를 공유하고 결론을 도출했다. 최희명 가천대 교육혁신원 원격 교육 운영지원센터장은 "파일을 공유하고 협업 도구를 활용해 학생들끼리 손쉽게 의견을 전달하고 공유할 수 있었다"며 "프로그램을 운영하는 교수 역시 온라인 협업 도구를 활용해 화상으로 직접 코칭했다"고 설명했다.

원격 캠프로 변경하면서 플립 러닝도 활용했다. 학생들이 먼저 기초 지식을 동영상 강의로 듣고 사전 과제를 수행한 뒤 캠프에 참여하도록 한 것이다. 실습 교육도 원격으로 실시하면서 인문사회 계열은 앱 기반 프로젝트를 실행했다. 이공계는 코딩과 메이커스 기반 프로젝트를 실시했다.

특히 가천대가 진행 방식을 원격으로 변경하면서 기존보다 많은 인력을 투입한 것이 눈길을 끌었다. 원격 교육 운영지원센터장은 "캠프를 대면에서 원격으로 바꾸면서 운영 비용은 10분의 1로 감소했지만, 운영 교수와 조교 숫자 등 운영에 참여하는 인원이 3배 정도 늘어났다"며 "원격 프로그램은 대면 프로그램보다 세밀하게 관리해줘야 비로소 그 효과가 나타난다"고 이야기했다.

VR 콘텐츠를 활용하여 교육의 효과를 높인다. 전주비전대는 시신 해부를 해야 했던 해부학 수업에 VR 콘텐츠를 활용해서 학생들의 흥미를 높이며 1석 2조의 효과를 거두었다.

치위생과 구강해부학 수업을 하며 VR로 제작한 구강 해부 콘텐츠를 사용했다. 구강 구조 해부 수업은 그동안 시신을 해부해 직접 구조를 보는 방법으로 진행돼왔다. 하지만 실습용 시신을 구하기 쉽지 않은데다가 코로나19로 해부 실습이 중단되면서 어려움을 겪었다. 이를 해결하기 위해 해부용 VR 콘텐츠를 활용해 수업을 진행했다. 먼저 학생들은 수업 전에 VR 구강해부학 콘텐츠를 접해 선행 학습을 하고 수업 이후 복습도 시행했다. 실제 수업 상황에서는 학생들이 VR 장비를 장착하고 AR로 구현된 구강 해부도를 보고 만지며 구조를 익혔다.

이처럼 VR 콘텐츠를 활용한 수업으로 학생 성취도가 16% 가량 높아졌다. 학생들은 공간적 제약 없이 상시로 해부 실습을 할 수 있다는 점에서 VR 기반 해부 실습 수업에 높은 만족도를 나타냈다. 담당 교수는 "VR 기반 실감형 원격 수업을 통해 교수자 중심이 아닌 학생 주도적 수업이 가능했다"라며 "학생 관점에서 어렵게 느끼는 해부학 수업에 대한 학습자의 흥미도를 높일 수 있어 학습자가 적극적으로 수업에 참여할 수 있게 됐다"라고 말했다. 전주비전대가 활용한 VR 수업 방식과 콘텐츠는 비슷한 고민을 지닌 다른 전문대가 함께 개발했다. 전주비전대뿐만 아니라 의료 보건 계열 학과를 가진 대학들이 같은 고민을 안고 있었기 때문이다.

해부 실습 교육용 VR·AR 수업 과정 개발은 한국 고등 직업 교육학회 창의 융합 콘텐츠개발원이 기획 총괄을 맡고 전주비전대를 비롯해 광주보건대·대구보건대·대전과학기술대·삼육보건대·춘해보건대·한림성심대·한양여대 등 8개 대학 교수들이 함께 했다. 또한 인덕대 교수팀이 VR·AR 콘텐츠를 제작했다. 콘텐츠는 사전 강의 녹화는 물론, 학생의 스마트폰 등 여러 도구에서 구현될 수 있도록 제작되어 활용도를 높였다. 무엇보다 실제 인체 해부와 같은 효과를 낼 수 있도록 실감나게 제작하는 데 주안점을 뒀다.

한 전문가는 "시뮬레이션이 필요한 수업에 적절하게 VR 기술을 활용한 사례"라며, "특히 이러닝 콘텐츠를 대학들이 공동으로 개발한 점이 모범적이다. 대학들이 이를 개발할 비용이 충분하지 않은 상황에서 공동 개발하고 공유하는 성과를 이뤄냈다"고 강조했다.

메타버스 플랫폼을 활용하여 소통을 강화한다. 울산대는 메타버스를 수업에 활용해 현장성을 높였다. 비대면 수업의 취약점인 상호작용 부족 문제를 해결하려는 방안이었다. 교육 과정과 학생 지도 등에 널리 메타버스를 활용하였는데, 많은 기업에서 메타버스 플랫폼을 활용해 재택 근무와 설명회 등을 실시하는 것에 주목했다. 특히 사용자가 마음껏 강의실을 제작할 수 있고 실시간 화면 지원이 가능하다는 점에서 '게더타운Gather Town'을 사용했다. 게더타운은 비교과 프로그램과 학생 상담에 활용됐다. 일부 정규 수업에만 시범 사업도 실시됐다. 수업 전과 후에 구성원들이 자유롭게 이야기를 나눌 수 있는 로비 공간과 집단 상담 공간, 비교과 프로그램과 이벤트를 위한 공간을 울산대 게더타운 안에 만들었다.

현재 울산대는 총 28개 강좌를 메타버스에서 실시하고 있다. 메타버스 활용의 가능성을 본 울산대는 교육 이외 영역으로도 확장할 계획이다. 학생 창업기업과 동아리 등을 메타버스에 입주시켜 코로나19 상황에서 줄어든 캠퍼스 활동을 보완하기로 한 것이다. 울산대 원격 교육 지원센터 차장은 "운영 결과 메타버스 기반 수업은 대체로 학습자의 흥미와 몰입도를 높이는 것으로 나타났다"라며, "특히 토론과 팀 프로젝트에 매우 효과적이었다"라고 설명했다.[65]

메타버스 관련 기기인 VR, AR, MR 등을 활용하여 교육의 질을 높인다. 포스텍POSTECH은 가상 현실과 증강현실, 그리고 복합현실을 동시에 활용할 수 있는 신개념의 강의실(106석 규모)을 개설하고, 첨단 기술을 바탕으로 한 강의와 실험·실습 프로그램을 선보였다.

2021년 5월 27일 '가상 현실/증강현실/복합현실 겸용 강의실'에서 VR과 AR 그리고 MR을 활용하여 구현되는 강의 체계와 물리학 실험 실

그림5-6 포스텍 VR강의(출처 포스텍)

습 강의를 시연했다. AR/MR 기반 강의 체계는 강의실에 있는 학생들과 원격 접속한 학생들이 가상의 물체를 활용한 강의를 들을 수 있다. 학생들과 실험 조교 또는 강의 교수가 원격지에 있어도 마치 한 곳에 있는 것처럼 강의 진행이 가능하다(그림5-6).

포스텍은 코로나19의 확산으로 비대면 수업을 진행하면서 교육의 질을 유지하면서 자기 주도적이고 창의적인 학습을 유도하기 위해 2021년 4월부터 VR 수업을 시작했다. 국내 대학 최초로 올해 신입생 320명 전원에게 VR 기기인 메타의 오큘러스 퀘스트2 기기를 제공하여 실제 실험 수업에 활용하고 있다.

가장 먼저 시행된 VR 기반 물리학 실험 실습 강의는 360도 카메라로 촬영한 조교의 실제 실험 과정을 소프트웨어로 가상화한 시뮬레이션 강의이다. VR 기기를 착용하고 고개를 돌려 실험 기구를 여러 각도에서 볼 수 있고, 조교의 실험 모습을 반복하며 볼 수도 있다.

포스텍은 한발 더 나아가 학생 개개인의 가정에 실험 키트를 배송

5장   교육의 미래와 메타버스   107

해 VR 기기로 수업을 들으면서 직접 실험을 수행하도록 할 예정이다. 또한 물리 실험 이외에도 화학이나 다른 필수 기본 과목 실험으로도 점차 확대할 방침이다. VR·AR·MR 프로젝트를 주도하고 있는 전자전기공학과 교수는 "위험하고 접근하기 어려운 곳, 직접 갈 수 없는 곳 등 다양한 콘텐츠를 시간과 공간의 제약 없이 눈앞에서 보는 것처럼 체험할 수 있을 것"이라며 "교육뿐만 아니라 다른 분야에서도 기술혁신을 통해 더 큰 가치를 창출해낼 수 있다"고 강조했다.66

메타버스를 활용한 기업의 교육 사례

신입 사원 교육을 RPG 게임 형태의 온라인 가상 공간을 활용한다. LG디스플레이는 메타버스 플랫폼을 통해 신입 사원들의 교육방식을 가상 현실 세계로 옮겨 교육의 몰입도를 제고하고 입사 동기들과 네트워크를 강화하게 했다.

이번에 LG디스플레이가 만든 메타버스 교육장은 국내 4개(파주, 구미, 트윈, 마곡) 사업장을 구현한 1개의 'Main Hall'과 중간 레벨인 5개의 'Group Hall', 8명으로 구성된 25개의 'Team Hall'로 이어지는 3단계 네트워킹 공간으로 구성했다. 약 200명의 신입 사원은 RPG 게임 형태의 온라인 가상 공간으로 구성된 교육장에서 본인의 아바타로 LG디스플레이 주요 사업장을 자유롭게 돌아다니며 동기들과 화상 소통을 하는 한편, 릴레이 미션, 미니 게임 등 다양한 교육 프로그램에 참여했다.

이번 교육에 참여한 한 신입 사원은 "코로나로 인해 동기들과 친해질 기회가 없을 줄 알았는데, 비록 가상 공간이지만 동기들과 함께 교육받는다는 느낌을 받았고 대학 시절 들었던 온라인 수업과 달리 흥미롭게 교육에 집중할 수 있었다"라고 소감을 밝혔다. 교육 후 실시한 설문조사에서도 91%의 신입 사원들이 메타버스 방식을 활용한 온라인 교육방식이 동기 간 네트워킹에 효과가 있었다고 답했다.

LG디스플레이는 신입 사원 교육에서 메타버스 플랫폼이 매우 효과적이었다는 반응에 따라 향후 다양한 사내 임직원 교육 및 채용 프로그램으로 확대 적용할 방침이다. LG디스플레이 HRD 담당은 "메타버스는 경험을 중시하는 MZ세대 신입 사원들이 교육에 집중하고 회사에 대한 이해와 소속감을 높이는 한편, 동기들과 유대감을 형성하는 데 도움을 줄 수 있다"라며, "교육 효과를 높일 수 있는 다양한 메타버스 프로그램을 도입하겠다"라고 말했다.67

메타버스·랜선 LIVE 여행을 활용해 신입 사원을 교육한다. 현대모비스가 메타버스(가상 세계)와 랜선 여행이라는 새로운 소통방식으로 MZ세대로 표현되는 신입 사원들과 첫 만남을 가졌다. 원격 근무가 활성화되고, 인공지능(AI)과 가상 현실을 융합한 디지털 콘텐츠가 주목받고 있는 상황에서 이를 신입 사원 입문 교육에 적극적으로 활용한 사례다.

현대모비스는 올 상반기 채용한 신입 사원 200여 명을 대상으로 지난달 28일부터 실시하고 있는 입문 교육 일정에 '메타버스 체험'과 '비대면 랜선 여행' 프로그램을 새롭게 도입해 큰 호응을 얻었다.

신입 사원들이 잘 알려진 메타버스 플랫폼인 '제페토' 어플을 이용해 자신만의 아바타를 만든 뒤 조별로 어플 속 인기 장소들을 자유롭게 체험하는 방식이다. 체험에 이어 신입 사원들은 각자 소감을 발표하고, 메타버스가 우리의 삶과 일하는 방식에 가져올 변화, 회사 업무에 활용할 수 있는 아이디어 등을 공유하는 시간도 가졌다. 또한 현지 가이드와는 실시간 채팅을 통해 여행 장소나 현지 음식, 문화 등에 대한 정보를 주고받으며 라이브 여행 느낌을 살릴 수 있었다(그림5-7).

기존에 현대모비스는 신입 사원들이 들어오면 회사를 이해하고, 애사심과 공동체 의식을 높이기 위해 집합 연수와 하계 제주도 수련대회 등의 방식으로 교육을 진행했지만, 최근에는 코로나19 상황과 MZ세대의 특성 등 사회 변화 흐름에 맞춰 교육방식과 콘텐츠를 유연하게 바꿔

그림5-7 현대모비스 랜선 여행
출처: 현대모비스

가고 있다. 한편 현대모비스는 창의적이고 유연한 기업 문화 조성을 위해 지난해 용인 기술연구소 내 디지털 스튜디오(THE STUDIO M.)를 새롭게 오픈하고 가수 초청 랜선 콘서트, AR(증강현실) 런칭쇼, 실시간 제품 프로모션 등 비대면 시대 트렌드에 맞는 다양한 콘텐츠를 만들고 있다.[68]

게더타운을 활용한 신입 사원 교육 및 채용 설명회를 열었다

롯데건설은 메타버스 플랫폼인 게더타운을 활용해 신입 사원 입문 교육을 진행했다. 이번 교육은 코로나19로 인한 비대면 교육의 한계를 극복하고, 신입 사원들의 교육 몰입도와 친밀도, 유대감을 높이기 위해 메타버스를 활용한 가상 교육장에서 진행됐다.

MZ세대인 신입 사원들에게 친숙한 가상 공간에서 신입 사원들은 본인의 아바타로 음성 대화와 화상 연결, 화면 공유 등의 기능을 활용해 자유롭게 동기들과 소통한다. 경영진은 초청 강연과 경영진 축하 메시지를 전달하고, 랜선 여행 및 운동회, 미니 게임 등의 다양한 체험 프로그램을 제공했다. 특히, 현재 전 세계에서 인기를 끌고 있는 넷플릭스 드라마 '오징어 게임' 속의 게임을 즐길 수 있는 공간을 별도로 구현해 신입 사원들의 만족도가 높았다.

이번 교육에 참여한 한 신입 사원은 "코로나로 인해 동기들과 친해질 기회가 없을 줄 알았는데, 비록 가상 공간이지만 동기들과 함께 교육 받는다는 느낌을 받았고, 대학 시절 들었던 온라인 수업과 달리 흥미롭게 교육에 집중할 수 있었다"라고 말했다. 교육 후 실시한 설문 조사에서도 94%의 신입 사원들이 메타버스 방식을 활용한 온라인 교육방식이 동기들 간 네트워킹에 효과가 있었다고 답했다.

한편, 롯데건설은 지난 8월 25일에 개최한 채용 설명회도 건설업계 최초로 메타버스 플랫폼 게더타운을 활용한 바 있다. 총 400명의 구직자가 사전 신청하며 뜨거운 호응을 얻었고, 참가자 대부분이 만족한다는 설문 조사 결과를 얻었다.

롯데건설 관계자는 "지난번 채용 설명회에 이어 이번 교육도 메타버스로 진행하면서 IT 기술의 발전으로 교육 훈련의 패러다임이 변화하고 있다는 것을 느꼈다"라며 "향후 MZ세대의 눈높이에서 소통할 수 있도록 메타버스를 활용해 사내 교육을 지속해서 확장해 나갈 계획"이라고 말했다.

AR, VR을 활용한다

월마트는 VR을 활용하여 고객 응대와 현장 실습 교육을 하였다. 월마트의 VR 교육은 매우 성공적이었으며, 현재는 5,000개 매장에 17,000개의 독립형 헤드셋을 배치하여 VR 교육을 확대 시행하고 있다.

월마트는 2017년 시범 프로그램으로 현장 구성원들 대상으로 블랙프라이데이 고객 응대에 대한 프로그램을 시행하였다. 고객 클레임에 대응하는 등 실제 시나리오를 바탕으로 제작한 VR 훈련이었다. 프로그램

그림5-8 VR을 활용한 월마트 교육
출처: https://www.viar360.com/companies-using-virtual-reality-employee-training

의 취지는 블랙프라이데이에 엄청나게 몰려오는 고객들에게 현장 구성원들이 당황하지 않고 대응할 수 있도록 사전 적응 훈련을 하는 것이 목적이었다(그림5-8).

폭스바겐은 자동차 조립 방법과 협업에서 이론 교육을 이수한 후 감독관의 감독 하에 실제 작업 장비나 자재로 실습하는 것이 그동안의 교육 방법이었다. 하지만 실습 시 익숙하지 않은 학습자들에 의해 안전사고 발생이나 장비의 손상이 빈번하게 발생했다.

이에 폭스바겐은 VR 교육 프로그램으로의 전환을 결정했고, 차량 조립에 대한 30가지 시뮬레이션 프로그램을 개발했다. 학습자들은 실수에 대한 부담 없이 편안하게 교육을 받을 수 있게 되었고, 시간과 공간의 제약까지 극복할 수 있었다(그림5-9).

미국의 패스트푸드업계 1위인 칙필레Chick-Fil-A는 고객서비스 담당 직원들을 대상으로 고객과의 불편한 상황에 직면했을 때 대응 방안을 교육해야 했다. 학습에 대한 몰입과 반복적인 훈련을 위해 직원들은 실제로 고객과 불편한 상황에 직면했을 때의 상황을 VR로 체험하게 했다. VR을 통한 반복적인 교육을 통해 고객서비스 담당 직원들은 고객과의

그림5-9 VR을 활용한 폭스바겐 교육
출처: https://vrscout.com/news/volkswagen-employee-training

불편한 상황에 직면했을 때 자신감과 평정심을 갖게 되었다.

위의 사례는 거울세계와 가상 세계를 활용해 교육의 공간을 확장한 것이다. 교실이나 인터넷 환경에서는 불가능했던 교육의 공간을 메타버스 공간으로 확장함으로써 교육적인 효과를 보여주고 있다.

메타버스의 대표 기술인 VR은 햅틱 기술과 결합하여 더욱 발전하고 있다. 햅틱Haptic은 '촉각의'라는 형용사다. 햅틱이라는 단어의 어원은 '잡을 수 있는'이라는 뜻의 합티코스Hapticos다. 햅틱 기술은 우리 일상 속에 이미 자리 잡고 있다. 문자 메시지가 왔을 때의 짧은 진동이라든지, 게임을 하면서 총을 쏠 때 느끼는 떨림 등이 바로 이에 해당한다.

VR과 AR은 시각과 청각의 기술을 활용한다. 여기에 햅틱 기술이 가미되면 촉각까지 그 영역을 확대해 더욱 실재감 있는 가상 현실 교육을 만들 수 있다.

테슬라 슈트는 VR/AR 교육을 훨씬 현실감 있게 만들어준다. VR 기계를 착용하고 소방관의 화재 진압 훈련을 하는 것과 VR과 햅틱 슈트를 동시에 입고 훈련하는 것은 그 효과나 몰입도 상에서 차이가 있다. VR

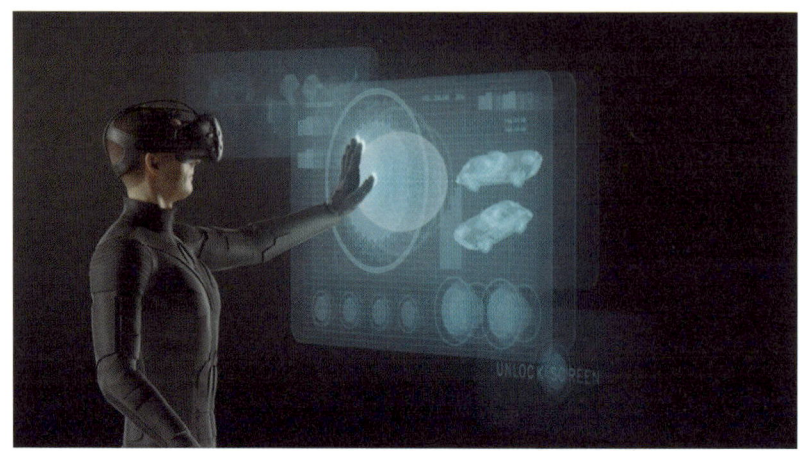

그림5-10　햅틱 기술이 적용된 테슬라 슈트
출처: 테슬라 슈트 홈페이지

헤드셋을 낀 채 화염에 가까워지면 뜨거움을 느끼고 떨어지는 물체에 맞으면 아픔을 느낄 수 있다(그림5-10).

테슬라 슈트Tesla suit는 몸 전체에 햅틱 피드백을 보낼 수 있다. 몸 전체에 64개의 햅틱 포인트가 있어서 깃털처럼 가벼운 터치에서 강한 타격까지의 감각을 느낄 수 있다. 모든 기능이 무선으로 가능해 그 활용성이나 이동성 측면에서 강점이 있고, 세탁 또한 가능하다면 훈련의 몰입감과 효과는 극대화될 것이다. 시각과 청각에, 촉각까지 확장할 수 있는 기술이 바로 햅틱 기술이다. 앞으로 실습 교육, 전문 직무 교육, 실험실 등 다양한 분야로 확장될 이 기술에 교육이 주목하고 있는 이유다.

모바일 AR 기반을 현장에 활용한 사례도 있다. 세계 최고의 운송 및 화물 서비스 업체인 DHL은 이미 현지 환경에서 모바일 AR 시스템을 사용하고 있다. DHL 직원은 웨어러블 스마트 안경을 통해 생산성은 크게 높이고 오류 비율은 줄이고 있다. AR을 통해 화물의 배송 시간, 배송 위치, 배송 시 유의사항들에 대한 정보를 보여줌으로써 작업을 쉽게 하고 오류 비율도 최소화할 수 있게 되었다(그림5-11).

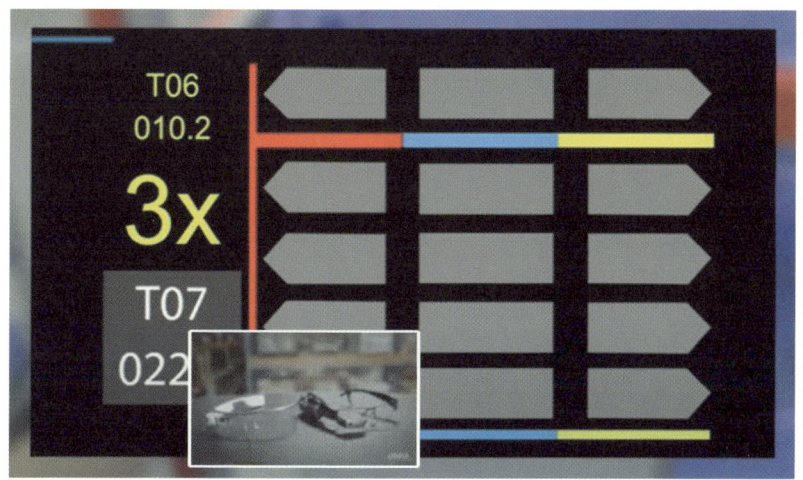

그림5-11 **AR 글래스를 활용한 품목 관리**
출처: DHL 홈페이지

결과적으로 AR의 경우 일과 학습의 결합에 어울리는 기술로 점차 자리 잡아가고 있다. 현실과 가상이 겹쳐 보이면서 현실 속에 일어나는 일들을 지원하고 있다.

4. 메타버스를 활용한 교육 시스템 전망

메타버스를 활용한 교육의 기대 효과

시간과 공간의 한계를 넘어선 가상 세계에서의 교육 활동은 과학과 기술이 발전하고 팬데믹 시대와 같은 어려운 상황에 대처하기 위해 더욱 활발하게 이루어질 것이다. 비록 아직은 메타버스의 활용이 많지는 않지만 앞으로 메타버스를 활용한 가치 있는 교육이 이루어지고, 효과도 다양하게 나타날 것이다.

메타버스는 수업에 대한 흥미와 재미를 통한 몰입도를 높일 수 있다. 시간과 공간의 제약을 뛰어넘어 과거와 미래 세상을 연결하며 실감이 나는 경험을 할 수 있다. 증강현실(AR), 가상 현실(VR) 등 실감 기술로 경험을 중시하는 Z세대 학생들의 흥미와 몰입도를 높이고, 학습 효과를 극대화할 수 있다.

학생들은 자신을 대신하는 아바타를 활용하여 가상 공간에서 수업을 받고 부끄럼 없이 질문을 할 수 있으며, 특수 효과로 현장감을 높이고 제작 도구로 직접 콘텐츠를 제작할 수도 있다. 실감형 콘텐츠는 실제로 체험하는 효과를 불러일으키기 때문에 학생들에게 자기 주도적 학습, 능동적 수업 참여 등을 유도할 수 있다.[69] 매일 같은 강의실 공간에서 같은 교복을 입고 획일화된 수업이 진행되는 게 아니라 무한한 공간에서 수업과 실습을 반복할 수 있어 학교와 강의실을 찾아가는 데 소요되는 많은 시간을 줄일 수 있다. 그리고 서로 자신만의 개성에 따라 만든 아바타를 통해 수업에 참여하기 때문에 기존 방식보다 훨씬 더 많은 흥미를 불러일으킬 수 있다. 또한 놀이 문화인 게임을 통하여 직접적인 참여를 끌어낼 수 있어 능동적이고 자기 주도 학습에 도움이 된다.

메타버스 교육은 다양한 학습 공간에서 학습자의 수준과 흥미를 생각하여 체계적 교육이 가능하여 학습 활동에 대한 몰입도를 높일 수 있다. 메타버스는 공간적 제약을 극복하여 오프라인에서 했던 활동들을 거의 비슷하게 진행할 수 있다. 메타버스 교육 공간이 활성화되고 교수자의 능력이 뒷받침된다면 지역, 소득 등 접근성 격차로 인해 발생되었던 교육 격차의 해소에도 도움이 될 수 있다.

기존 실시간 온라인 수업에서 모둠 활동을 할 때는 침묵하던 학생들도 메타버스 수업에서는 실제 교실처럼 활발한 토의 수업이 가능하다. 메타버스 활동을 통해 학생들은 친구들과의 친밀감도 상승시키고 주도적인 활동도 가능하다. 특히 디지털 세대인 학생들은 메타버스에 대한 설명을 듣고 10분 만에 직접 메타버스 교실을 만들기 시작하는 등 메타버스 환경에 익숙한 모습을 보인다.

더욱이 학습할 때 학생들에게 중요한 안정감은 강의실에서 받는 인정과 교우관계 등에서 발생한다. 실제 강의실에서 안정감 부족으로 힘들어하던 학생들도 '아바타'라는 가상의 존재로 소통하면서 안정감이 상승한 모습을 보인다. 이러한 환경은 학습할 때 장점으로 작용한다. 또한 교사와 학생들의 상호작용에도 기존 다 대 일 관계에서 벗어나 일 대 일 관계로 느껴지는 효과를 가져와 수업 몰입도를 상승시킨다.

메타버스 플랫폼은 다른 플랫폼보다 자유도가 높게 나타난다. 가상 세계라는 무한한 공간에서 무엇이든지 할 수 있을 것 같은 자신감이 생긴다. 교육 현장에서는 한정된 공간에서 교육이 진행된다는 이유로 한계에 부딪히는 경우가 있다. 예를 들어, 단순히 문자와 영상으로 교육하는 게 아니라 가상 세계라 할지라도 실제와 같이 구현된 장소에 찾아가서 보고, 듣고, 배우는 시간을 보낼 수도 있기 때문이다.

가상 공간에서 또 다른 자아를 형성해 현실 세계에서 이루지 못했던 꿈과 목표를 실현해 나갈 수 있다. 1990년대 중반에서 2010년대 초반에 태어난 Z세대는 어렸을 때부터 게임·소셜미디어 등 온라인 환경에 노출됐기에 가상 세계에 대한 거부감이 크지 않다.

이들의 절반 이상이 스냅챗·인스타그램·페이스북을 하루에도 수시로 사용하며, 비디오 스트리밍을 하는 시간이 1주일에 23시간 이상 된다고 한다. 또한 사회적 이슈, 특히 소셜미디어에서 순식간에 퍼져나가는 이슈에 대해 자신의 의견을 표출하는 데도 상당히 적극적이며, 하나의 게시물·트윗 또는 상태 업데이트를 통해 자신을 표현하는 데 익숙하다. 따라서 게임·유통·광고업계 등이 주 소비층으로 성장하고 있는 Z세대들을 대상으로 하는 비즈니스 개발이 활기를 띠고, 메타버스를 핫 키워드로 만들고 있다.

메타버스는 무한한 가능성과 창조적인 활동을 할 수 있는 공간을 제공할 수 있다. 메타버스와 관련된 분야 확장은 매우 빠른 속도로 이뤄지고 있다. 현실 세계와 가상 세계가 똑같이 연결되고 있다보니 미래에는 가상 세계에서의 또 다른 자아 형성 그리고 가치를 만들어갈 수 있다. 가상 세계에서는 현실 세계에서 구현할 수 없는 새로운 세상을 만들 수도 있다. 가상의 삶을 통하여 현실의 문제점을 도출할 수 있고, 가상의 직업을 통하여 일어날 수 있는 문제들을 점검할 수 있다. 메타버스 내 독립적인 크리에이터가 되어 디지털 패션 아이템의 디자이너나 맵을 설계하는 건축가, 디지털 공간에서 음악, 미술 등을 만들어내는 예술가가 될 수도 있다.

제페토 이용자들이 제작한 아이템들이 제페토 내 아이템 판매의 80% 이상을 차지하며, 하루에 7천여 개씩 새로운 패션 아이템들이 제작되고 있고, 로블록스에선 이용자들이 개발한 게임이 5천만 개를 돌파하였다. 지금은 청소년에 한정되어 있지만 이러한 경험을 한 세대들이 사회에 본격 진출했을 때 메타버스 생태계는 더욱 발전할 것으로 기대된다. 중장년층도 최근 메타버스에 대한 관심을 높이고 있다.

세대 간 소통을 위해서도 메타버스 공간은 유용한 역할을 할 수 있다. 메타버스는 자연스럽게 이용자들에게 콘텐츠 소비자에서 창작자로 변화하는 경험을 제공하고 있다. 교육 현장에서는 이러한 메타버스의 특성을 적극적으로 활용하여 학생들의 자유와 경험치를 무한대로 확장할 수 있도록 학습 활동을 설계할 필요가 있다.

메타버스를 활용한 교육을 통하여 학생들은 자신에게 주어진 자율성을 토대로 궁금한 점을 스스로 탐색하고, 시·공간을 초월해 수많은 사람의 아이디어를 참조하여 자기만의 독창적인 답을 주도적으로 구할 수 있는 자기 주도적 학습 수행이 가능할 것이다.[70]

메타버스를 통한 교육은 물리적인 공간에서는 현실적인 제약 때문에 상상만 하거나 단순히 글을 통해서만 배울 수 있는 것들을 메타버스 안에서 상상할 수 있는 모든 것을 만들어낼 수 있어 학생들의 상상력과 호기심을 확장하고 충족시킬 수 있는 효과적인 교육 방법이다.

메타버스 플랫폼에서 공공과 교육을 목적으로 하는 다양한 플랫폼도 지금은 상용화되지는 않았지만, 가까운 미래에 많은 사람이 참여하고 공유하는 많은 플랫폼이 나타날 것이다. 특히 교육적인 측면에서도 무한한 가능성과 자유도를 바탕으로 능동적이고 진취적인 교육 활동이 이루어질 수 있도록 더 많은 관심을 가지고서 교육에 필요한 다양한 기술 개발이 필요하고, 누구나 쉽게 이용할 수 있는 메타버스 교육 플랫폼 개발도 요구된다.[71]

새로운 변화를 위한 사회 공동체의 노력이 필요하다

메타버스의 교육적 활용은 학교나 기업에서 활발하게 새로운 영역으로 자리 잡기 위한 많은 도전과 노력을 하고 있고 발전을 거듭하고 있지만 아직은 어느 정도 한계에 머물러 있다. 현재 초기 단계의 메타버스는 머지않아 거대한 산업시장이 형성되고 다양한 형태로 진화하고 발전할 것이다. 메타버스라는 거대한 조류에 탑승하기 위해서는 제도, 기술 등 여러 측면에서 철저한 준비와 대응이 필요하다.

메타버스 교육을 위한 사회적 합의와 제도적 장치 마련도 요구된다. 메타버스의 세계에서는 현실에서 학력의 격차와 마찬가지로 디지털 교육 학습에 따른 디지털 기술의 활용력 차이에 따른 격차로 문제가 발생할 수 있다. 이러한 활용력의 격차는 메타버스 세계에 익숙한 층과 익숙하지 않은 층간의 격차에 따라 사회 교육의 양극화 현상이 나타날 것으로 생각된다.

디지털 격차Digital divide는 기술이 발전할수록 더욱 확대될 가능성이 크다. 메타버스를 학습자 누구나 활용할 수 있도록 학교 내 안정적 네트워크 환경 조성을 하고 인프라를 구축하여야 한다. 메타버스 생태계에서 이루어질 교육 콘텐츠와 플랫폼 관련 투자와 지원, 교육기관과 기업 간의 상생, 교수자에게 요구되는 역량 함양, 현실 세계와 가상 세계 간 질서와 공존을 위한 사회 공동의 노력이 요구된다.

익명성의 문제점을 극복하기 위한 노력이 필요하다. 아바타를 통한 익명성의 가장 큰 장점이 단점으로 작용하는 부분이다. 아바타를 활용하면 본인을 밝히기에 부담스럽거나 꺼렸던 행위나 생각을 대면보다 더 자유롭게 할 수 있는 장점이 있다. 본인의 실체를 밝히기 부끄러워하는 질문이나 창작 활동을 사람들에게 접근하는 방법으로 필요하다.

학교는 단순하게 지식만 습득하는 곳이 아니다. 교사, 친구들과 함께 생활하면서 사회성의 형성도 이루어져야 하는 중요한 공간이다. 익명성이 활성화되면 가장 우려되는 부분은 익명의 아바타를 이용하여 성범죄나 금전적인 범죄에 노출된다는 점이다. 또한 왕따 문제가 생길 수 있고, 어른들이 아이들에게 거친 말을 하는 등 언어 폭력이 많이 발생할 수 있다. 아이들이 어른들에게 지나친 결례를 하는 등 기본적인 사회 도덕을 무시하는 행위, 익명성을 무기로 타인의 인권을 침해하는 일도 예상된다. 게임 아이템에 대한 사기 행위나 사이버 폭력, 계정 해킹의 위험성 등 다양한 보안 문제도 우려된다.

메타버스를 활용한 교육은 익명성의 문제와 중독성으로 인한 사회 부적응, 개인 정보 침해와 세계관의 혼란 등 부작용으로 발생하는 폐해 등이 예상된다. 정부와 교육기관들은 이를 인식하고 법적, 제도적 장치를 정책에 반영하기에 앞서 사회적인 공감대를 형성할 수 있는 기반을 제공하여야 한다.

관련 기관과 플랫폼 운영자는 이용자들에게 메타버스 교육의 윤리적, 법적인 문제에 관한 사항을 사전 교육하고 홍보와 자율적인 규제 시스템을 강화하여 성숙한 메타버스 에티켓인 메티켓으로 새로운 디지털 문화를 만들어나가야 할 것이다.

6장
메타버스와 가상 자산

비트코인은 놀랄만한 암호화적 성과다. 디지털 세상에서 복제할 수 없는 무언가를 만드는 능력은 엄청난 가치를 지닌다.
(구글 前 CEO 에릭 슈미트)

우리는 블록체인을 사회적, 경제적으로 활용되는 차세대 인터넷 프로토콜로 파악한다.
(서클 CEO 제레미 알레르)

1. 메타버스 관련 가상 자산 개요

메타버스에서 이루어지는 다양한 가상 자산

메타버스를 구현하고 확장하기 위해서는 이를 뒷받침하는 거래 수단이 불가피하다. 기존의 거래 수단인 일반 화폐는 국가가 관리하고 있어서 거래의 불편함과 법적 제한 등으로 인해 글로벌로 빠르게 교환하기 어렵다. 쉽고 편하고 빠르게 사용할 수 있는 거래 수단이 요구되는 이유다. 코인과 토큰 등 가상 자산[72]은 이러한 문제점을 해결해주고 있다. 토큰과 코인을 구별할 필요가 있다. 코인은 자체 블록체인 연결망을 가지고 있지만, 토큰은 타사의 블록체인 연결망(이더리움 등)을 사용한다는 점에서 다르다.

화폐는 사회적 신뢰이며 약속이다. 문제는 개별 회사들이 발행한 토큰과 코인을 신뢰할 수 있겠느냐는 문제다. 수천 개의 암호화폐가 나오고 있다. 일찍이 프리드리히 하이에크Friedrich Haiek는 정부의 독점적인 화폐 발행이 인플레이션이나 경기 변동 등의 문제를 일으킨다고 지적하며, 화폐 공급은 민간 영역에서 자유롭게 결정되어야 한다고 주장했다.

암호화폐를 하이에크 화폐라고 부르기도 한다.[73] 이에 대해 3세대 암호화폐 카르다노를 만든 찰스 호스킨슨Charles Hoskinson은 "암호화폐의 등장은 국가가 발행한 중앙화폐와 달리 또 다른 통화 정책이나 금융 정책을 실험해볼 수 있는 새로운 무대를 갖게 된 것일지도 모른다. 국가 경제를 파괴하지 않으면서 중앙은행에 기대되지 않는 새로운 경제 질서와 경제적 삶을 연구할 수 있다면, 많은 사람이 기꺼이 암호화폐의 사용자가 될 것이며, 앞으로도 수만 종류의 토큰이 나올 것입니다. 그 중 시장에서 가치를 인정받지 못하는 토큰은 곧장 사라질 것입니다. 가치를 인정받은 토큰은 계속 살아남을 것이고 이 훌륭한 혁신과 유동성은 앞으로도 계속된다"[74]고 주장한다. 암호화폐를 이끄는 힘은 탈중앙화에 기반을 둔 블록체인에 있다.

비트코인 등 암호화폐는 다양한 도전에 직면해 있다. 화폐는 중앙권력이 행사할 수 있는 가장 강력한 통제 수단이자 국가를 유지하는 근간이 된다. 화폐 발행과 유통에 대한 권리를 상실하는 것은 국가의 통제력이 무너짐을 의미한다. 특히 글로벌 기축통화를 기반으로 막대한 부가附加 이익을 가져가고 있는 미국은 탈중앙화 화폐에 대한 거부감이 강하다. 중국과 러시아도 화폐가 탈중앙화되는 것을 우려한다.

국가의 부에 대한 통제가 어려워지고 자금 유출 등 부정적 요인이 정권에 대한 도전으로까지 확대되는 것을 경계하기 때문이다. 국가가 화폐를 통제의 수단으로 활용하고 인플레이션의 확대로 인한 가치 저하에 대한 우려와 언제 어디서든 쉽게 교환할 수 있는 글로벌 통화에 대한 사람들의 욕구는 탈중앙화된 암호화폐에 대한 기대와 미련을 버릴 수 없는 이유다.

지금까지 보여주고 있는 암호화폐의 높은 변동성, 암호화폐 발행자의 발행 이득, 주요 국가의 강한 반발 등을 보면 암호화폐가 가치 안정성을 갖고 중앙은행의 화폐와 경쟁하기는 버거워 보인다. 그렇지만 중앙은행 화폐의 가치 안정성이 훼손되고 높은 인플레이션 등 경제적 충격이 오면 암호화폐가 더욱 주목을 받을 수 있다.

중앙은행과 암호화폐 간 화폐 유통의 주도권을 둘러싼 싸움은 오랫동안 이어질 것으로 전망된다. 결국 글로벌 경제의 변동성과 화폐에 대한 가치 안정성과 편리함 등 신뢰의 확보를 어느 화폐가 차지하느냐에 따라 결정될 것이다. 메타버스 등 디지털 세계의 확장으로 기존의 중앙은행의 화폐는 변화의 속도가 빠르고 갈수록 다양해지는 디지털 세계의 화폐로서 기능과 역할을 하기에는 한계가 많다. 중앙은행의 화폐와 암호화폐는 상호 보완하는 방향으로 발전될 가능성이 크다.

블록체인Block Chain과 비트코인

블록체인 개념에 대해서는 90년대부터 분산컴퓨팅의 신뢰 확보를 어떻게 할까 하는 문제로 학자와 프로그래머 간에 많은 논의를 해왔다. 인터넷에서 P2Ppeer to peer 네트워크를 운용하는 경우 참여한 각자의 클라이언트 간의 거래, 즉 트랜잭션transaction이 변조와 해킹이 이루어지지 않고 신뢰할 수 있을 때 인터넷상의 정보와 거래가 활발해질 수 있다. 인터넷을 통하여 컴퓨터 간 송수신 문제TCP/IC에 대한 기술적 장벽은 해결되었으나 익명의 컴퓨터 간 데이터 송수신을 할 때 데이터의 무결성, 정합성을 담보하는 신뢰를 어떻게 확보하느냐는 많은 학자와 프로그래머의 계속된 고민이었다.

1982년 컴퓨터 공학자인 레슬리 램포트 등 3명은 이러한 고민을 비잔틴 장군의 딜레마라고 알려진 논문을 통하여 발표하면서 처음 알려졌다. 비잔틴 장군들이 부딪힌 딜레마는 적군의 성을 공격하기 위하여 공격의 실패 확률을 줄이기 위해서는 사전에 내부의 첩자를 어떻게 찾아내는가 하는 방법이었다. 이후 1991년 스튜어트 하버Stuart Haber와 스콧 스토네타W. Scott Stornetta에 의해 블록체인의 이론적 기반이 만들어졌다.

2009년 나카모토 사토시익명는 비잔틴 제국 장군의 딜레마인 분산컴퓨팅을 하는 데 있어 취약점으로 되어왔던 신뢰와 합의 문제를 블록체인이라는 기술로 해결하는 프로그램을 공개하면서 새로운 전기를 마련하였다. 나카모토 사토시는 거래를 연결한 블록에 대한 보상으로 암호화폐인 비트코인을 제공하면서 블록체인 네트워크 유지를 위한 기본적 틀을 만들었다.

블록체인은 상호 간 거래transactions between parties를 기록할 수 있는 분산 원장Distributied ledger 기술로 정의할 수 있다. 다수 사용자의 서버에 저장하여 데이터를 공유함으로써 중앙기관, 규제기관, 중개기관이 필요 없고 탈중앙화되고 분산화된 기술이 블록체인의 특징이다그림6-1.

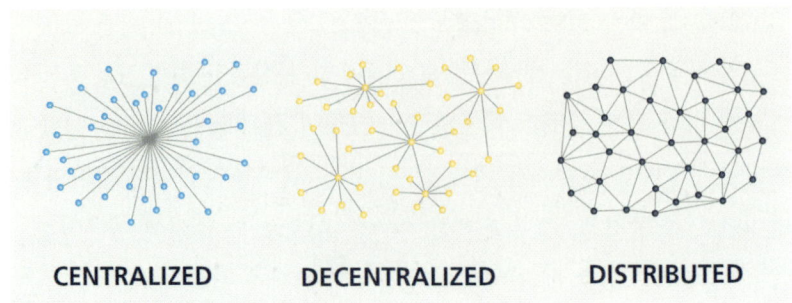

그림6-1 **중앙화, 탈중앙화, 분산화**
출처: DHL, *Going from a centralized to a decentralized, distributed database using blockchain*

　블록체인이 상거래 물류에서 작동되는 방법을 예로 들면 ①A가 B에게 돈을 송금하기를 원하면, ②트랜잭션(거래)이 A와 B 사이에 이루어진다. ③이 거래는 참여하는 모든 네트워크에 전송되고 확인된다. ④이 거래는 새로운 블록으로 생성되고 ⑤네트워크는 블록을 승인하고 해시함수를 통하여 봉인된다. ⑥승인된 블록을 블록체인에 연결하고, ⑦거래가 승인되면 A가 B로 돈을 송금함으로써 일단락된다. 거래 과정에서 블록 승인은 50% 이상이 되면 성립되고, 일단 블록이 형성되면 데이터 삭제는 불가능하다(그림6-2).*

　비트코인의 블록은 평균 10분에 하나씩 생성되고 블록의 크기size는 최대 1메가바이트이다. 블록을 생성할 때 SHA 256 함수를 사용하는 데, 이는 충돌이 발생할 우려가 거의 없어 안전하게 보관할 수 있다. SHA 256 함수의 충돌 확률은 지구에 소행성이 떨어져 인류가 멸망할 확률보다도 낮다고 볼 수 있다. 이러한 블록체인 기술의 이점은 즉각적인 결제, 글로벌한 상호운용성, 높은 보안성, 저비용 등이다.[75]

---

* 기술적 용어로 비가역성이라고 한다.

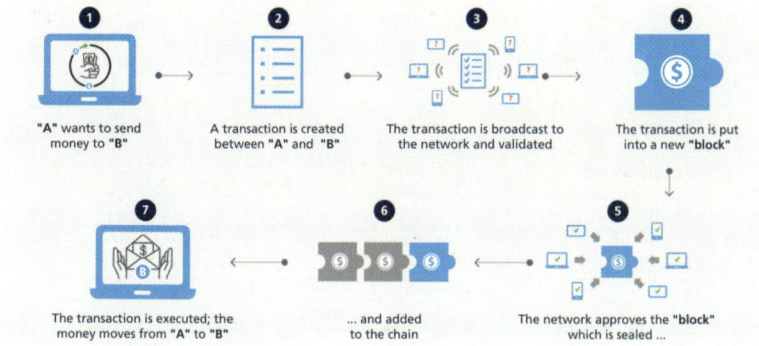

그림6-2 **블록체인의 운영 방법**
출처: *BLOCKCHAIN IN LOGISTICS*, Powered by DHL Trend Research, 2018

> **참고**
>
> SHA(Secure Hash Algorithm, 안전한 해시 알고리즘) 함수들은 서로 관련된 암호학적 해시 함수들의 모음이다. 이들 함수는 미국 국가안보국(NSA)이 1993년에 처음으로 설계했으며 미국 국가 표준으로 지정되었다.[76]
>
> [해시 함수 예][77]
>
> | 텍스트 | 메타버스는 새로운 세계에 대한 도전이다 |
> |---|---|
> | SHAHS | AF26AB040BAC3446D60F13F7B7B30EAAA35B92129A53A3FB6B28BA1FC3F4126C |

블록체인은 탈중앙화된 시스템으로 중개기관 등을 배제할 수 있어 거래 비용을 줄일 수 있고, 정보를 다수가 보유하고 관리하여 안전성(보안성)이 있으며, 모든 거래 기록이 공개되고 쉽게 접근이 가능한 투명성이 특징이다. 이러한 특징을 바탕으로 본인 인증, 지급 결제, 상품 이력 추적을 통한 제품의 신뢰도를 높일 수 있는 등 다양한 영역으로 확대되고 블록체인 기술을 이용한 새로운 산업들이 나타나고 있다.

이더리움의 창시자인 비탈릭 부테린Vitalik Buterin은 블록체인의 3가지 주요 특성인 탈중앙화decentralisation, 보안security, 확장성scalability은 블록체인 생태계에서 동시에 달성하기 어려운 측면이 있음을 지적하였는데, 이를 블록체인 트릴레마 trilemma라고 한다.

블록체인은 퍼블릭public 블록체인으로 출발하였으나, 현재 블록체인 생태계는 3가지 특성을 최대한 유지하고 거래의 효율성을 높이기 위하여 퍼블릭 블록체인 이외에 프라이빗 블록체인, 하이브리드 블록체인 등 다양하게 발전하고 있다.

퍼블릭 블록체인은 탈중앙화를 목적으로 출발하여 참여자와 관리 주체가 모든 참여자가 된다. 프라이빗 블록체인은 허가를 받은 사람만 참여할 수 있고, 관리 주체는 권한이 있는 자가 운영하는 형태다. 퍼블릭 블록체인은 익명성이 보장되나 프라이빗 블록체인은 익명성이 보장되지 않고 사용자의 식별이 가능하다. 블록 생성 방식도 퍼블릭 블록체인은 암호화폐와 연결되어 채굴자의 작업 증명이 필요하나, 프라이빗 블록체인은 참여자 간 합의를 통하여 블록을 생성하는 차이점이 있다. 퍼블릭 블록체인은 컴퓨터의 과다 사용으로 인한 에너지 손실로 탄소제로 정책과 배치되고, 참여자의 과다로 거래의 신속성이 저해되는 점 등을 개선하기 위하여 프라이빗 블록체인이 형성되고 있다. 그러나 퍼블릭 블록체인은 블록체인의 당초 철학인 탈중앙화와 배치되어 최근에는 둘의 장점을 결합한 하이브리드 블록체인으로 발전하는 경향이 있으나, 하이브리드 블록체인도 본질에서는 프라이빗 블록체인의 성격을 가진다고 볼 수 있다(표6-1).

표6-1 퍼블릭 블록체인 vs 프라이빗 블록체인[78]

구분	퍼블릭 블록체인	프라이빗 블록체인
참여자	참여자 모두	허가를 받은 사람
관리 주체	참여자 모두	권한이 있는 자(관리기관 포함)
익명성	사용자 식별 못함	사용자 구별 가능
블록 생성 방식	채굴자의 작업 증명	합의를 위한 규칙 제정

블록체인의 역사를 간략하게 보면 1990년대 이래로 분산컴퓨팅에 대한 개념을 발전시켜 왔다. 블록체인의 새로운 변화는 2009년 암호화폐인 비트코인과 결합하면서 탈중앙화된 분산원장의 도입으로 시작되었다. 2011년 비트코인 거래가 이루어지고, 2014년 스마트 계약의 도입으로 한 단계 발전하였다. 2016년부터는 블록체인이 산업 전반에 걸쳐 활용방안이 이루어지고 블록체인 시장이 활성화되기 시작하고 스마트폰에 최적화된 다양한 애플리케이션이 나오면서 시대적인 트렌드로 부상하고 있다.

블록체인은 2014년 부테린이 개발한 이더리움Ethrerum에 의해 한 단계 더 발전한다. 가장 중요한 변화는 스마트 계약smart contract의 도입이다. 이더리움은 비트코인의 한계로 지적되었던 거래 속도를 20초 내외로 줄이고, 시장과 거래의 확대를 대비하여 블록의 크기를 무제한으로 설정하였다. 이러한 이더리움을 2세대 블록체인으로 불리기도 한다(그림6-3).

스마트 계약은 계약 내용과 구체적 실행 조건을 블록체인과 연결하고서 조건을 충족하면 거래가 자동으로 성립된다. 스마트 계약을 이용

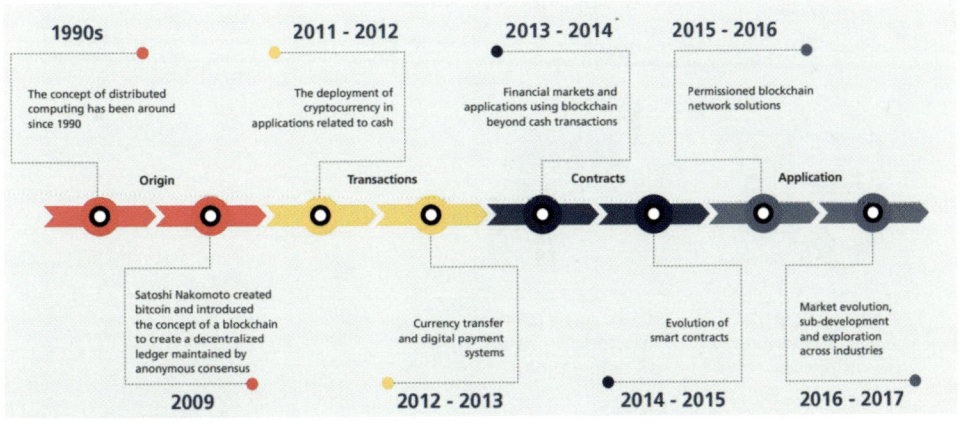

그림6-3 **블록체인의 역사**

출처: DHL Trend Research, *Blockchain in logistics*, 2018

하여 미리 블록체인에 상세한 거래 조건을 부여하면 일반 상거래와 자산거래, 차량 렌트, 보험금 청구 등 다양한 거래에서 거래에 필요한 서류 작성에 중개인이 생략되어 수수료 절감, 처리 기간 단축 등이 가능해진다. 그 계약 내용은 블록체인을 통하여 안전하고 투명하게 관리되어 위·변조나 사기를 차단할 수 있어 블록체인의 생태계를 크게 확대하는 계기를 만들었다.

이더리움의 특징 중 하나는 디앱Dapp, Dcentralized application이다. 디앱은 블록체인 생태계에서 실행할 수 있는 애플리케이션으로 스마트폰 시대를 반영하고 있으며, 블록체인의 생태계를 확장하는 데 큰 역할을 하고 있다. 블록체인은 금융, 보험, 산업, 원산지 추적 등 유통, 부동산 거래 등 자산관리, 글로벌 무역, 물류, 에너지, 탄소배출권, 엔터테인먼트 분야와 실시간 인력 관리에 이르기까지 산업의 전 분야로 확대되고 있다(그림6-4).

블록체인은 위조에 대한 우려를 줄이고, 다양한 자산 등에 대한 이력 추적이 가능하며, 데이터의 보관의 편리성과 비용 절감 등의 장점을 갖고 있어 정부 등 공적 영역에서도 블록체인 생태계를 도입하고 있다.

블록체인은 기본

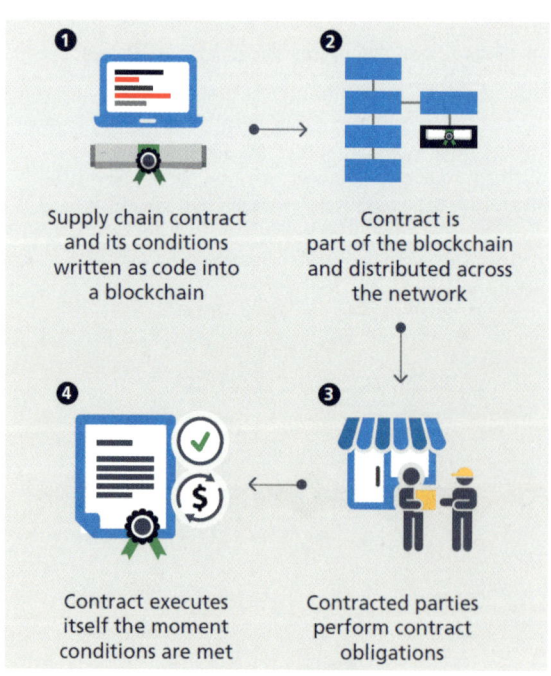

그림6-4 물류 산업에서의 스마트 계약
출처: DHL Trend Research, *Blockchain in logistics*, 2018

적으로 합의 알고리즘에 기반을 두고 있다. 블록체인을 유지하기 위해서는 블록체인을 관리하고 유지하는 분산된 노드node*들이 필요하고, 그 노드들에게 일정한 보상을 해주어야 한다. 비트코인은 블록체인 생태계를 유지하는 조건으로 부여되는 암호화폐다. 블록체인과 코인은 연결되어 있고, 분리하여 생각하기 어려운 이유다.

비트코인을 기반으로 하는 블록체인은 작업 증명PoW, Proof of Work 방식이다. 작업 증명 방식은 채굴자miner가 해시 연산을 하는 하드웨어를 가지고서 작업 증명 메커니즘을 통해 블록을 생성하고 연산 능력에 비례해서 데이터 업데이트 권한을 획득하는 것으로 채굴에 따른 고성능 컴퓨터 장비의 사용에 따른 비용 상승, 전력의 과다 사용 등으로 비판이 대두되고 있다.

전 세계가 지구 환경을 위하여 탄소중립Carbon Neutral의 목표를 두고 실행하는 과정에서 암호화폐 채굴업은 시대를 역행한다는 비판에서 벗어나기 힘들다. 이에 대한 대안으로 지분 증명PoS, Proof of Stake을 합리 알고리즘으로 하는 3세대 블록체인으로 불리는 암호화폐 - 이오스, 에이다, 퀀텀 등 - 들이 나타났다. 지분 증명은 블록에 데이터를 추가할 때 참여자 모두가 합의해야 하며, 블록에는 검증자들 각자가 자산을 보유하는 자산 증명 리스트가 포함된다. 많은 지분을 확보한 사용자가 주식회사의 대주주처럼 권력을 독점할 수 있는 우려가 크다.

이외에도 암호화폐 지분, 거래 횟수, 거래량 등 참여도를 측정하여 권한을 부여하는 PoIProof of Importance 등 합의 알고리즘에 대한 검증이 블록체인 활용 목적에 따라 다양화되는 추세다. 앞으로도 익명의 다수 간의 거래에 대한 신뢰 확보를 인터넷상에 구현하기 위한 다양한 논의

---

* 통신망이 접속되는 곳으로 참여자의 서버를 의미한다. 비트코인 노드 실시간 현황을 보면 2022.2.22. 현재 15,324 노드가 존재한다(https://bitnodes.io 참조)

들이 계속될 것이다.

마켓앤마켓MarketsandMarkets에 따르면, 블록체인 관련 산업은 2021년 약 50억 달러에서 2026년 674억 달러로 연평균 68.4%의 성장률을 보일 것으로 예상한다.[79] 그러나 블록체인의 특성이 탈중앙화에 있고 이를 계속 유지하기 위해서는 비용이 많이 소요되기 때문에 노드를 유지하는 사람(또는 기업)들에게 인센티브를 주기 위한 암호화폐 채굴은 비트코인 생태계를 유지하는 가장 강력한 수단이자 도구이다. 전 세계가 기후 변화에 대응하고 있고 ESG 경영이 기업의 필수 요소로 대두되는 현실에서 채굴 산업이 환경파괴 우려를 불식하고 사회적 책임을 다하는 기업으로 변모할 수 있을지 주목된다.

블록체인은 금융 시장에도 새로운 변화를 일으키고 있다. 글로벌 시장조사업체 주니퍼 리서치Junifer Research에서 발행한 블록체인의 미래, 핵심 기회와 도입전략 보고서에 따르면 금융회사가 블록체인 기술을 활용할 경우, 2024년까지 연간 약 10억 달러를, 2030년까지 최대 약 270억 달러를 절감할 수 있다고 예상한다.[80] 핀테크와 블록체인의 결합은 금융의 거래비용을 낮추고, 효율성을 높이고 있으며 다양한 비즈니스 모델이 만들어지고 있다. 핀테크와 블록체인의 활성화는 국가의 금융 경쟁력과 산업 경쟁력에도 영향을 크게 미칠 것으로 전망된다. 해외에서는 활발하게 핀테크와 블록체인을 연결하는 신사업을 창출하고 있는 반면에 국내는 개인 정보보호법, 정보통신망법 등 법적 제약이 있으며, 금융제도도 엄격한 포지티브 시스템positive system*으로 되어 있어 글로벌 금융트렌드를 반영하는 데는 많은 어려움이 있다.

---

* 포지티브 시스템은 해야 할 부분을 정해놓고 명시되지 않은 경우는 제외한다. 네거티브 시스템은 안 되는 부분을 정해놓고 나머지는 허용하는 형태로 규제가 상대적으로 낮다. 포지티브 시스템은 새로운 변화가 이루어지는 것을 반영하기 위해서는 일일이 제도적 틀을 마련해야 하므로 시대적 변화를 따라가기 힘든 측면이 있다. (저자 주)

현재 정부는 금융 규제샌드박스를 통하여 일부 혁신금융(DABS 등)을 도입하고는 있으나, 소비자 보호를 명목으로 기존 금융권과 연계되어야만 추진할 수 있는 등 금융 혁신이 본격적으로 활성화되기에는 여전히 제도적 한계가 존재한다. 급격하게 변화하는 글로벌 금융환경 변화에 적극적으로 대응하기 위해서는 핀테크와 관련된 금융제도와 법 적용에 있어 네거티브 시스템 도입 등 적극적인 정책 의지가 중요하다.

2. 가상 자산을 활용한 자금 조달

다양해지는 스타트업의 자금 조달

디지털 세계에 대한 기대감으로 수많은 스타트업들이 미래의 시장을 보고 창업 대열에 나서고 있다. 기존의 자금 조달 방식이 아닌 암호화폐를 통한 자금 조달 방식을 택하는 경우도 많아졌다. 비트코인과 암호화폐의 발전은 스타트업의 자금 조달에도 획기적 변화를 가져왔다. 스타트업은 기업 공개IPO, Initial Public Offering를 통하여 자금을 조달하기 어렵다. 현실의 벽이 높기 때문이다. 암호화폐 개발 스타트업들의 프로젝트를 위한 자금 조달 방식은 ICO, IEO, IDO 등 시장의 반응과 신뢰를 기준으로 다양화되고 있고 성공적인 자금 조달도 많이 이루어지고 있다.

초기 코인 공개: ICO(Initial Coin Offering)

ICO는 불특정 다수의 투자자로부터 초기 개발 자금을 확보하는 크라우드 펀딩crowd funding의 성격을 갖고 있다. ICO는 새로운 암호화폐를 발행하고서 그 대가로 코인을 제공(분배)한다. 주식 공개 모집을 의미하는 IPOInitial Public Offering에서 파생되었다고 볼 수 있다. ICO를 진행하기 위해서는 백서white paper를 발행한다. 백서에는 암호화폐 발행 이유, 목적, 운영 방식, 향후 전망 등의 내용을 적시하여야 한다.

최초 ICO를 진행한 암호화폐는 2013년 7월 론 그로스Ron Gross와 제이 알 윌렛J. R. Willett이 주도한 마스터코인Mastercoin, 이후 옴니레이어로 변경이다. 2014년 비탈릭 부테린Vitalik Buterin은 이더리움 재단을 구성하고서 ICO를 통해 3만 비트코인에 해당하는 회사 개발 자금을 모아 2015년 2세대 암호화폐인 이더리움ethereum을 개발했다. 모바일 글로벌 메신저 서비스를 운영하는 텔레그램은 두 차례의 ICO를 통해 약 17억 달러의 투자금을 성공적으로 확보하였다.

이러한 성공 사례를 바탕으로 ICO가 블록체인 생태계에서 자금 조달의 한 부분으로 활발하게 이루어졌다. ICO는 백서를 제출하는 것 외에는 IPO 같은 복잡한 절차가 없어 투자자금을 확보하는 편리한 수단으로 인기를 얻으면서 크게 성장하였다.

그러나 국내에서는 2018년 러시아 돈스코이호에 실려 있다는 금을 담보로 ICO를 진행하고 코인-신일골드코인-를 발행한 사기 사건81 등 ICO가 암호화폐의 사기와 투기 등을 수반한 부실 기업들이 몰리면서 ICO에 대한 부정적 시각이 높아지고 부실 발행들이 많이 발생했다. 2017년 9월 초 중국은 ICO를 불법 금융 행위로 규정하여 발행을 금지하였으며, 2017년 9월 말 한국도 ICO 발행을 금지하였다(그림6-5).

2019년 국가별 ICO 발행 건수를 보면 영국, 싱가포르, 에스토니아, 미국을 합해 352건으로 전체의 65%를 차지하고, 발행하는 국가도 10여 개 국가에 그치고 있다. ICO 마켓Market 보고서에 따르면, 2019년 ICO의 88%가 이더리움 블록체인에 기반하여 발행되었으며, 2019년 ICO로 발행된 토큰-암호화폐-중 180일이 지난 후에는 87%가 발행금액 대비 하락하고 65% 이상이 실질적으로 가치를 상실하여 자금 조달 성공률이 매우 낮게 나타나고 있다. ICO가 규제와 사기 등으로 투자자들이 외면하기 시작하자 암호화폐 스타트업들은 새로운 자금 조달 방식을 선택하기 시

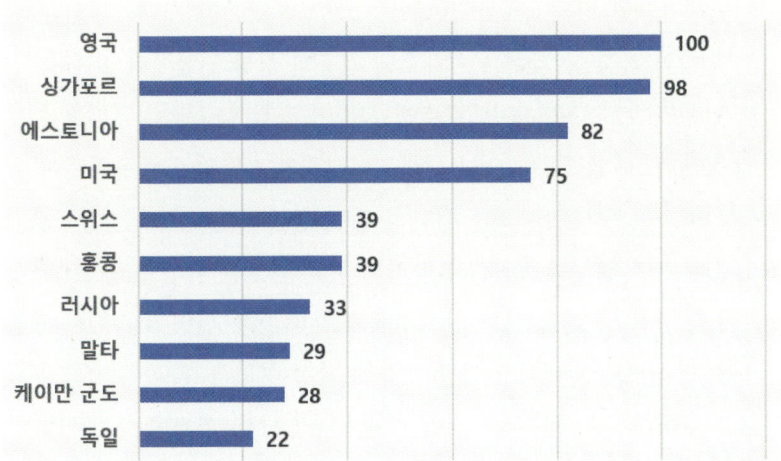

그림6-5 **국가별 IOC 건수, 2019년**
출처: *ICO Market Report 2019/2020*, Lars Haffke, M.Sc., LL.M., Diplom-Jurist(Univ.), Mathias Fromberger, Munich, 2020.10.31

작했다.

자금 조달 방법의 다양화: IEO, IDO

암호화폐 거래소 공개IEO, Initial Exchange Offering와 탈중앙화 거래소 공개IDO, Initial Decentralized Exchange Offering가 자금 조달 방법의 대안으로 부상하고 있다. IEO는 개발사가 발행한 코인을 암호화폐 거래소가 위탁 판매하는 형태다. 거래소가 1차 검증을 맡는 것은 장점이지만, 거래소 이익에 도움이 되는 코인 위주로 상장한다는 지적도 받는다. IDO는 디파이DeFi*를 기반으로 돌아가는 탈중앙화 거래소DEX에 코인을 올려 투자자의 선택을 받는 방식이다. 2020년 이후 IDO가 암호화폐 프로젝트의 주요 자금 조달 방식이 되고 있다.

---

* <u>D</u>ecentralized <u>F</u>inance의 약자로, 탈중앙화 금융이라고 한다.

중앙집중형 거래소에서 진행되는 IEO와 탈중앙 거래소에서 이뤄지는 IDO의 가장 큰 차이는 거래소의 검증과 상장 권한이다. IDO는 신규로 발행된 토큰 홀더 혹은 프로젝트 측이 직접 탈중앙화 거래소에 토큰을 올린다. 해당 토큰과 다른 토큰을 교환하고자 하는 이용자들이 교환을 진행하는 방식으로 최초 판매와 배포가 이뤄진다. IEO는 중앙화된 거래소가 프로젝트 측으로부터 받거나 확보한 토큰을 검증해 보관하고 수수료를 받은 뒤 이를 토큰 구매자에게 분배한다. 반면 IDO에서 거래는 P2P 방식으로 거래되고 검증과 중개 과정이 없다. 디파이 계약 플랫폼으로는 이더리움, 테라Terra, 아발란체AVAX, UMA프로토콜 등이 있다.

메타버스와 증권형 토큰 제공(STO)

STOSecurity Token Offering는 증권형 토큰을 제공하는 것을 말한다. ICO를 통해 발행되는 토큰은 통상 유틸리티 토큰Utility Token이라고 한다. 유틸리티 토큰 소유자는 토큰 발행사가 제시하는 다양한 상품이나 서비스를 구매할 수 있는 권한은 있지만 토큰 발행사에 배당이나 지분 요구는 할 수 없다(그림6-6).

STO에 참가하여 그 대가로 받는 증권형 토큰Security Token은 토큰 발행사나 관련 자산에 대한 소유권을 가질 수 있고 일반적인 주식과 비슷하다. 증권형 토큰 보유자는 토큰의 가치에 따라 토큰 발행사가 창출한 이익을 배당금으로 받거나 발행사의 경영권에 대한 행사를 할 수도 있다. STO를 통해 부동산, 주식, 채권, 미술품 등 모든 형태의 자산을 토큰화하여 소액 단위로 투자하고 거래하는 것이 가능하여 발행 종류와 범위가 계속 확대되고 있다.

STO는 다른 암호화폐와 같이 블록체인에 기반을 두고 있으며, 기초자산이 존재하고 직접적인 권리 행사가 가능하다는 점에서는 기존 암호화폐와 차별성이 있다. 코인텔레그래프 리서치Cointelegraph Research가

그림6-6 현재 토큰화되고 있는 자산

출처: Crypto - Research - Report - Cointelegraph - Security - Token - Report.pdf, 2021

2021년 발표한 자료에 따르면 STO 신규 발행 기업 수는 2017년 6건에서 2020년 80건으로 가파르게 증가하고 있다. 국가별로는 2020년에는 미국이 43건으로 50% 이상을 점유하고 있고, 스위스가 5건, 독일 5건 등으로 STO 시장을 주도하고 있다. 한국은 현재 STO 관련 법과 제도가 마련되지 않아 발행하지 못하고 있다.

STO 발행 결과를 보면, 목표금액 대비 자금 조달 성공률은 2017년 48.6%에서 2020년에는 80%에 이르고 있다. 성공적인 자금 조달 방식으로 자리매김하고 있어 앞으로 STO를 활용한 자금 조달은 계속 증가할 전망이다. 다양한 STO 서비스가 속속 등장하고 있지만 현실 세계보다 메타버스와 같은 가상 세계에서 좀 더 쉽고 빠르게 적용이 가능할 것으

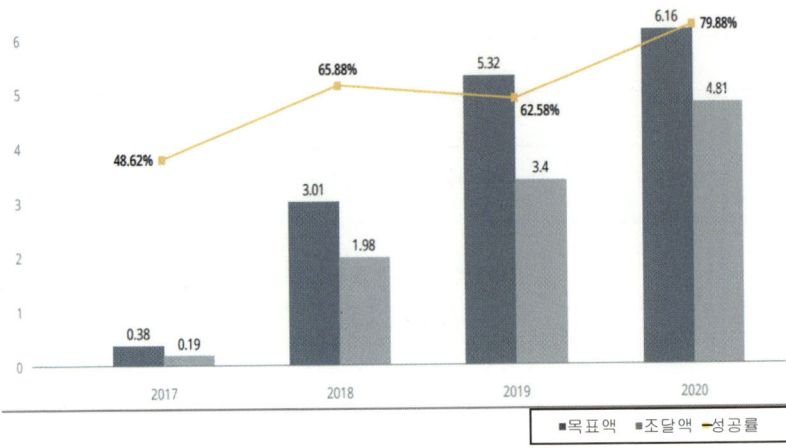

그림6-7   STO 발행업체의 목표액, 조달액, 성공률, 2017~2020, 10억US$
출처: Crypto - Research - Report - Cointelegraph - Security - Token - Report.pdf, 2021

로 예상된다. STO가 IPO와 ICO의 단점을 극복할 수 있음에도 불구하고 현실 세계의 많은 법적 문제와 규제 및 기술적 문제로 인해 발행 건수가 확대되고는 있지만 아직은 활발하게 활용되고 있지는 못하다(그림6-7).

STO는 디지털 기반의 세상인 메타버스 내에서 투자와 거래가 활성화되도록 디지털 자산을 토큰화할 수 있다. 이는 현재 디센트럴랜드 등 메타버스 플랫폼에서 제공하고 있는 대체 불가능한 토큰인 NFT^{Non Fungible Token}와는 다르다. NFT는 디지털 자산 하나를 한 개의 토큰으로 발행하여 투자나 거래가 이루어지지만, STO는 부동산이나 그림 등의 자산 하나를 몇 개에서 수억 개로 쪼개고 토큰화하여 거래와 투자가 이루어진다는 점에서 차이가 있다. 하나의 NFT 자체도 STO를 통해 증권형 토큰을 발행하면 이렇게 발행된 토큰에 투자도 할 수 있고 거래도 가능할 수 있어 STO와 NFT는 같이 연계하여 발전할 가능성이 크다.

메타버스의 시장이 확장되면 그 안에서의 경제적 활동도 따라서 확대될 것으로 예상되며, 기존과는 다른 다양한 투자 방법과 상품들도 만들어질 것이다. STO는 이러한 변화를 이끌어나갈 것으로 예상된다. 예를 들어 디센트럴랜드Decentraland나 더샌드박스The Sandbox 같은 메타버스 플랫폼 내에서도 비싼 땅과 건물들이 존재하고 있다. 너무 고가인 탓에 일반 이용자들은 구매가 어렵다. 현실 세계처럼 이런 건물이나 땅 일부를 소유하거나 투자하고 싶은 니즈는 여전히 존재하나 현재 메타버스 플랫폼들은 이러한 기능을 현재까지는 제공하고 있지는 않다. NFT 시장이 아직 초기 단계로 시장이 성장하면서 점차 STO와 메타버스 플랫폼 간 연대와 협력이 확대될 것이다.

블룸버그 인텔리전스Bloomberg Intelligence는 메타버스의 방대한 가능성과 기술들을 설명하면서 메타버스 시장이 2024년까지 8,000억 달러(약 951조 원) 규모의 시장이 될 것으로 예상한다. 메타버스는 게임과 놀이의 공간만이 아닌 가상 공간 안에서의 활발한 경제적 활동과 그것을 통한 수익 창출이 이루어지면서 성장해나갈 것으로 예상된다. 향후 STO는 그 가상 공간 안에서의 다양한 투자 상품과 투자 방법들을 개발하는 하나의 좋은 솔루션으로 계속 발전할 것으로 기대된다.

디지털 지식재산으로 부상하는 NFT

NFTNon Fungible Token는 암호화폐의 한 형태로 이더리움의 스마트 계약에서 파생되어 나왔다. NFT는 기존의 암호화폐와는 달리, 동등하게 교환될 수 없다는 의미에서 대체 불가능 토큰이라고 한다. NFT는 예술가들에게 새로운 장을 열어주고 있다. 2021년 11월 13일 세계 최대의 경매회사인 크리스티에서 미국의 디지털 아티스트 비플Beeple이 NFT로 만든 'Everydays: The First 5000 Days'이라는 작품이 6천930만 달러(약 785억 원)에 낙찰된 것이다. 디지털 작품으로는 최고가이며, 미술사에서도 역대 세 번째로 높은 가격이다.

많은 예술작품이 NFT로 몰려들고 있고 세계 최대의 NFT거래 플랫폼인 논펀저블닷컴WWW.nonfungible.com)에 따르면, NFT 거래금액이 2019년 약 6천 200만 달러에서 2020년 약 2억 5천만 달러로 4배, 2021년에는 총 판매액 140억 달러(약 16조 7,720억 원)인 전년 대비 56배로 폭발적으로 증가하고 있다.

NFT의 모든 거래 과정은 블록체인에 기록되고 저장된다. 누구나 이용하고 누구나 쉽게 접근할 수 있어서 자산 가치가 형성되지 않았던 디지털 자산이 거래가 가능한 재화로 바뀌고 있다. 앞으로 메타버스를 포함한 디지털 세계가 확대될수록 NFT에 대한 가치가 더욱 주목을 받을 것으로 예상된다. NFT 시장은 유동성이 계속 확대되고 산업, 과학, 예술 등 산업의 다양한 분야로 확장되는 추세다.

디지털 자산의 가격이 지나치게 높게 형성되고 진입 장벽이 확대된다면 인터넷세상에 긍정적 영향만을 끼치지는 않을 것이다. 아직까지는 글로벌로 NFT에 대한 공감대가 형성된 것도 아니고, NFT 거래소마다 거래하는 가격도 다르게 형성되고 있다. 같은 작품을 다른 NFT 거래소에서 거래되는 경우도 발생하고 있다. 그리고 실물로 판매된 작품을 디지털로 대량 판매 유통하는 사례도 있다.

NFT의 지속가능성은 디지털 자산 시장이 신뢰를 확보하느냐에 달려 있다. 향후 NFT 거래소 간 합의와 연결이 이루어지고 NFT의 안정적 운영에 공동으로 대응해 나가는 노력도 필요하다. NFT는 거품이 많이 있다는 주장도 많고 다양한 문제가 발생하고 있으나 향후 유망한 디지털 지적재산권IP, intellectual property으로 성장할 가능성은 여전히 크다(그림6-8).

NFT의 표준은 ERC-721이며 아래와 같이 3가지 구조로 구성되어 있다. 일반적으로 등록 가능한 디지털 아트웍은 png, webp, jpeg/jpg, gif, mp4 파일이고, 대체로 최초 용량은 10mb, 최대 100mb이나 플랫폼

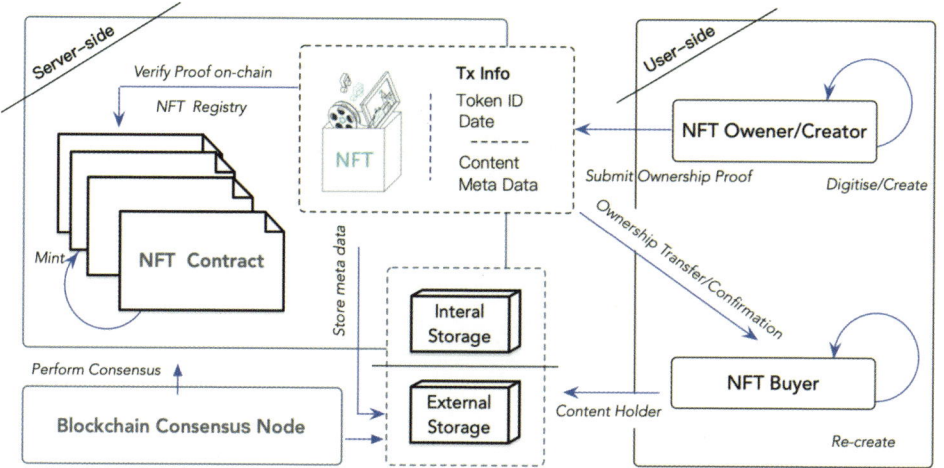

그림6-8 **NFT 시스템 모델**

출처: *Non-Fungible Token (NFT): Overview, Evaluation, Opportunities and Challenges* (2021.5.16), Qin Wang, RujiaLi, ShipingChen

마다 다양하다. 화면의 가로, 세로는 600px 이상이어야 한다.*

① [Off Chain Area] NFT 미디어 데이터NFT Media Data로 원본 디지털 콘텐츠 자체이며, 주로 외부 저장매체에 보관함IPFS/Swarm.

② [On Chain Area] NFT 메타데이터NFT Metadata로 미디어 데이터의 제목과 이에 대한 간략한 설명, 생성자에 대한 정보, 그리고 실제 미디어 데이터가 저장된 곳의 인터넷 주소 등을 IPFS 등에 보관함.

③ [On Chain Area] NFT 스마트 계약NFT Smart Contract이 이루어짐.

---

* 1mb(메가바이트)는 1,024kb(킬로바이트), px는 pixel로 화소(畵素)를 말함
각 플랫폼마다 민팅할 수 있는 최대 크기 및 파일 타입들은 다소 상이함
참고: http://cyberscrilla.com/minting-your-nft-file-size-upload-limitations-and-restrictions

스마트 계약은 소유권 확인, 소유권 양도, 로얄티 지급 등의 기능 및 NFT 메타데이터가 보관된 인터넷 주소가 코딩Coding되어 있는 컴퓨터 프로그램으로 블록체인에 직접 저장됨.

〈 NFT 거래 과정 개요 〉

1) 창작자의 NFT 등록을 위한 사전 단계
- 창작자가 작품을 창작하고 직접 NFT를 만들어서 등록하는 것은 프로그래밍의 지식이 필요하므로 보통 NFT 플랫폼OpenSea, Rarible, Superrare을 통하여 등록함.
- 플랫폼을 통해 일종의 대시보드에 디지털 아트웍Artwork 등을 NFT로 만들 수 있는데, 그 전에 반드시 암호화폐 지갑 주소가 필요함.
- 암호화폐 지갑은 각 플랫폼 거래소에서 지원하는 암호화폐 지갑 종류가 있으므로 거래하고자 하는 플랫폼 업체에 맞게 생성해야 함
- 암호화폐 지갑은 지갑 주소와 암호로 구성되어 있으며, 지갑의 주소는 다른 사람들이 암호화폐를 송금할 수 있도록 공개할 수 있으나, 개인 암호는 소유자 본인만 알고 있어야 함(암호가 유출되면 지갑이 털린다고 볼 수 있음).
- NFT의 판매 방식은 일반적으로 고정가로 판매를 하거나 경매 방식으로 판매를 할 수 있음.

2) 창작자의 NFT 등록 단계
- 일련의 과정을 거쳐서 NFT를 생성하고 거래소에 등록하는 것을 민팅Minting이라고 함. 민팅이 되면 블록체인 네트워크에 NFT가 등록이 됨.
- 민팅을 할 때 이더리움 네트워크에서 트랜잭션(상호 거래)이 발

생하는데, '가스비'라는 수수료*가 발생하며, 이더리움 네트워크가 혼잡할수록 그 비용이 올라감.
- 블록체인의 트랜잭션은 되돌릴 수 없음을 유의(비가역성)하여 민팅을 해야 함.

3) 구매자의 NFT 구매를 위한 사전 단계
- NFT를 구매하기 위해 창작자와 마찬가지로 암호화폐 지갑이 필요하며, 대부분의 NFT는 이더(Ether, 이더리움 암호화폐)로 거래되므로 자신의 암호화폐 지갑에 이더가 들어 있는 상태여야 함.
- 만약에 암호화폐 지갑이 없는 경우 2)번과 마찬가지로 암호화폐 지갑을 구매하고자 하는 플랫폼 업체에 맞게 생성해야 함.

4) 구매자의 NFT 구매와 창작자에게 판매대금 지급 단계
- 원하는 작품을 구매할 때는 판매자와 마찬가지로 가스비를 지급해야 함.
- 구매자가 구매를 완료하면 NFT 판매자(창작자)의 지갑에 수수료를 제외한 판매대금이 입금됨.
- 판매자는 입금된 암호화폐를 거래된 플랫폼의 암호화폐 지갑에서 자신의 코인 거래소 등의 암호화폐 계좌로 출금을 할 수 있으며, 이때 출금할 때는 출금 수수료가 따로 발생함.

5) 창작자와 구매자의 NFT 구매 확인 단계
- 구매를 완료하면, etherscan.io 사이트에 접속하여 거래 ID를 복사 후 전송 여부를 확인할 수 있음.

---

* 가스(Gas)는 이더리움 블록체인 플랫폼에서 거래할 때 발생하는 수수료임.

- 상세 거래 내용에 스마트 계약 내용이 구체적으로 나오며, 구매 가격, 판매자 이익, 거래소 이익, 가스 가격 등을 볼 수 있음.

7장

메타버스와 글로벌 유통 플랫폼

네트워크에 기반을 둔 경제는 연결의 속도를
높이고, 지속 시간을 줄이고, 효율성을
향상시키고, 상상힐 수 있는 모든 것을
서비스함으로써 생활을 더욱 편리하게 만든다.
(제레미 리프킨, 소유의 종말 중)

전자상거래가 활성화된 시점은 그렇게 오래된 일이 아니다. 손 안의 컴퓨터가 보급된 2010년대를 주요 시점으로 생각하는 것이 일반적 견해로 기껏 10여 년의 역사를 가지고 있다. 코로나19는 비대면 거래를 통한 전자상거래를 더욱 가속화하여 전자상거래가 우리의 일상에 중요한 수단이 되고 있다.

개인은 상품의 주문과 결제를 인터넷 플랫폼상에서 수행하고, 더 빠르게 전달 또는 배달되는 상품을 선호하며, 마음에 들지 않는 상품은 곧바로 반품을 시킨다. 중간 단계인 도소매 시장을 건너뛰어 값이 저렴할 뿐 아니라 대형 슈퍼마켓에서나 볼 수 있었던 반품 처리를 손쉽게 할 수 있다.

국경 간 전자상거래도 마찬가지로 주문과 결제를 인터넷상에서 수행하며, 주문된 상품은 해외 현지의 물류창고에서 바로 배달되고, 소비자의 마음에 들지 않는 상품은 반품 처리된다.

국경 간 전자상거래가 가장 활성화된 국가는 중국으로 알려져 있다. 중국은 2019년에 국경 간 전자상거래 규모가 전체 수출입의 약 33%를 차지할 정도로 대외무역에서 전자상거래가 차지하는 비율이 상당히 높다. 반면, 우리나라는 대외무역에서 국경 간 전자상거래 비율이 2020년 기준 0.26%에 불과하다. IT 강국을 자부해 왔던 우리나라로서는 그 수준이 극히 미흡한 상황이다. 수출로 먹고사는 우리 경제 구조에서 전체 무역의 1%에도 미치지 못하는 현재의 국경 간 전자상거래 성적표는 초라하기 이를 데 없다. 전자상거래 시대에 준비가 부족하다는 생각이 절로 들게 되는 상황이다.

과거 중국은 우리보다 뒤처진 IT 환경 속에서 어떻게 국경 간 전자상거래 1등 국가가 될 수 있었을까? 단순히 인구가 많아서 발생한 사실로 치부하기에는 그 성장 속도가 무시하지 못할 정도로 빠르고 크다. 구체적 준비과정 없이는 달성하기 어려운 성과를 이루어내고 있다.

1. 경험 가치 고도화 경제 전쟁, 국경 간 전자상거래

몽골의 잠JAM과 국경 간 전자상거래

몽골은 인구가 많지도 않고 병력도 크지 않았는데 어떻게 세계를 제패할 수 있었을까? 많이 얘기들 하지만 몽골은 빠르고 지치지 않는 말이 있었고, 역참제도를 잘 정비하여 보급을 적기적소에서 수행할 수 있었다고 설명하고 있다. 특히 몽골인들은 역참 제도를 잠JAM이라고 불렀다. 잠이 중국으로 건너와 역을 뜻하는 잔站, JAN으로 불렸고, 고려 시대에 우리는 역참驛站으로 부르게 되었다. 한 마디로 빠른 말이 먼 거리를 달려도 지치지 않게 쉬거나, 다른 말로 교대할 수 있도록 하는 터미널 또는 플랫폼의 역할이 역참의 기능이었다.

몽골은 빠른 말과 플랫폼을 통해 기동력과 보급을 적절히 수행할 수 있었으며, 당시에는 선진적인 전쟁 기반이 되었다. 전쟁에서 승리하고 난 이후에도 역참 기지는 교통의 중심지 역할을 담당함으로써 지역의 중요한 시장이 되었고, 문화의 중심지가 되었다.

과거 몽골이 물리적 전쟁 기반을 마련한 방식은 오늘날 전자상거래를 통한 경제 전쟁의 준비에도 적용될 수 있다. 우리는 빠른 말로 비유되는 5G 통신망을 보유하고 있다.

국내에 플랫폼도 잘 정비되어 있어서 물자의 보급에도 문제가 없다. 전자상거래 총량은 전 세계에서도 우리나라가 5위권을 꾸준히 유지하고 있으며, 코로나 이후 전체 소매거래에서 전자상거래가 차지하는 비율도 꾸준히 상승하고 있다. 단순히 국내 수요에 대응하는 차원에서 보면 우리의 전자상거래는 어느 정도 기반이 구축되었다고 볼 수 있다.

그러나 글로벌로 시야를 넓혀보면 역참 기지가 정비되어 있는가에 대한 의문이 든다. 과거 정복 전쟁의 시대에는 말이 연락과 수송의 역할을 담당하였고, 역참 기지는 말이 쉬어가는 장소다. 상품경제 시대에는 연락은 통신망으로 수행하고, 주문된 상품은 해운이나 항공을 통해 주문한 타국의 바이어에게 배달된다.

반면, 스마트폰 거래가 일상화된 전자상거래 시대에는 개인 소비자가 주요 소비자로 부상하였다. 다품종 소량 상품이 주문과 결제가 이루어지는 즉시 개인 소비자에게 전달하는데 시일이 많이 소요되게 됨에 따라 소비자 만족을 최대화하기 위해 상품이 쉬어가는 장소가 필요하게 되었고, 물류창고는 상품이 쉬어가는데 중요한 역할을 담당하게 되었다.

전자상거래 개념 및 진화 과정

전자상거래는 1989년 미국의 로렌스 리브모어 연구소Lawrence Livemore National Labatory가 국방성의 프로젝트를 수행하면서 처음 사용한 용어로서, 기업 간 또는 기업과 소비자 간 상거래 활동을 통신 네트워크를 통해 수행하는 것으로 정의하고 있다.[82] 당시의 통신 네트워크는 인터넷 비중이 거래에서 차지하는 비중이 작고 전용선, PC 통신망, CATV 망 등 다양하였으며 처음 정의도 타 통신 네트워크를 포함하고 있었다.

2008년 스마트폰이 도입되고, 거래에서 B2C 거래가 점점 그 위치를 점하면서 인터넷 플랫폼이 전자상거래의 주요한 수단이 된다. O2O Online to Offline, Offline to Online 개념도 스마트폰의 등장과 함께 자주 사용하는 단어가 되었으며, 온라인에서 검색하고 주문하며, 오프라인에서 픽업하거나, 오프라인에서 보고 온라인에서 주문하는 쇼핑 방식으로 진화하였다.

최근 2020년대에는 가상 백화점과 쇼핑몰로 진화하고 있으며, 가상과 현실이 공존하는 형태로 거래가 발생하는 메타버스 플랫폼 등이 논의되고 있다. 전자상거래 시장의 발전은 시간 격차와 공간 거리를 단축하며, 대상도 집단에서 점차 개인으로 진화 발전하고 있다(그림7-1).

거래 방식도 B2B에서 B2C로 최근에는 당근마켓처럼 소비자 간 신

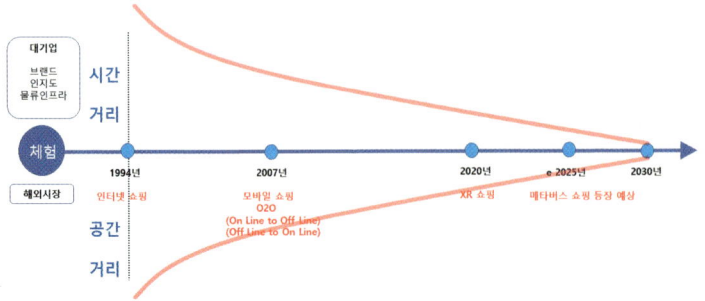

그림7-1 전자상거래 시장 발전 과정
출처: 조진철 외, 『전자상거래 시대 글로벌 물류 인프라 구축 방안 연구』, 국토연구원, 2021

뢰에 기반을 둔 C2C로 거래 방식으로 다양하게 변화하고 있다. 국경 간 상거래도 시간과 공간의 거리가 축소됨에 따라 더욱 확대되고 있다.

경험 가치 고도화 경제

조지프 파인B Joseph Pine은 1998년 발표한 「경험 경제Welcome to the Experience Economy」를 통해 가상융합 경제[83]는 경제적 가치가 제조-서비스-경험으로 전이되고 있으며, 경험 가치가 거래에 중요한 요소라는 경험 경제Experience Economy사회를 제시하였다. 조지프 파인은 농업경제에서 주로 사용하던 원료의 직접적 사용 방식에서 산업혁명 이후에는 대량생산 체제가 갖추어지면서 가치가 증진된 제품 중심의 경제로 변모하였으며, 점차 재화와 용역의 효율적 판매를 위한 서비스 경제로 발전하였다고 설명하고 있다.

제조업 중심의 사회에서는 경험이 증가하였지만 공급자 중심의 사회였던 반면, 서비스 경제에서는 점차 소비자의 소비 경험이 재화와 용역의 재구매 결정 이유가 되면서 경험이 경제가치의 핵심 개념으로 등장한다. 경험 경제에서는 소비 패턴이 가치 증진에 중요한 요소로서 소비자들은 기억에 남을 만한 개인화된 경험에 대한 지급 의사가 높아 이에 맞는 제품과 서비스를 제공하는 것이 경험 경제의 핵심84이다.

서비스 경제에서 숙성된 소비자의 경험 가치는 통신의 발달과 함께 맞춤형 다품종 소량생산의 시대로 접어들었다. 경험 경제에서는 경험 또는 실적Track Record이 상품의 구매에 중요한 요소로 부각하였으며, 인터넷상에서 상품의 거래가 활성화된 온라인 경제에서는 다른 사람의 경험인 간접 경험도 상품의 구매에 중요한 요소로 등장하고 있다.

물리적 입소문에 더해서 문자화된 타인의 경험이 구매 의욕을 자극하고, 소비자의 경험 가치 폭을 증폭시키고 있으며 온라인 경제가 경험 경제의 중심으로 등장하였다. 온라인 경제에서는 오프라인과 온라인에서 상품에 대한 체험 또는 경험을 거의 동시에 발생하며, O2OOnline to Offline, Offline to Online 라는 개념도 나타났다(그림7-2).

경험 가치가 온라인 경제를 거치며 온라인과 오프라인이 거의 일치하는 단계를 가상융합 경제 또는 가상융복합 경제라고 한다. 경험 경제가 가장 고도화된 단계로서 최근에는 메타버스 시대가 가상융복합 경제의 근간으로 거론되고 있다.

온라인 경제에서 다소 제한적인 온라인 체험이 메타버스 시대에서

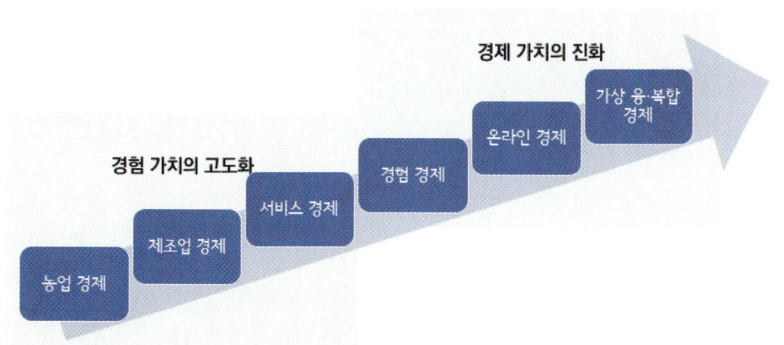

그림7-2 **경제가치 진화와 가상융합 경제**
출처: 조진철 외, 『전자상거래 시대 글로벌 물류 인프라 구축 방안 연구』, 국토연구원, 2021

는 문자와 평면 체험에서 더 나아가 상품의 3D 체험, 맛, 향기, 촉감 등 좀 더 풍부한 온라인 체험을 제공하는 등 상품 체험이 고도화되고 있으며 경험 가치가 현실의 오프라인 체험과 유사하게 발전하고 있다.

온라인 경제에서 부족했던 일방적 소통도 아바타를 통한 제품 설명, 제품의 기획과정 동참, 사람에 의한 입소문 등으로 전달되는 소통의 원활화가 이루어지는 등 상품에 대한 정보교환 증대로 신뢰성도 확보되고 있다. 메타버스 시대는 상품 판매의 공동 협력이 증진되고 공동 사무, 회의, 일하는 방식을 높임으로써 협력의 경험 가치도 높아질 전망이다.

영국은 2018년 발표한 「Innovative UK」 보고서[85]에서 "실감 기술은 우리 사회의 경제 성장뿐 아니라 소통·여가·근무 방식의 변화에도 영향을 줄 것"이라고 언급하고 있다.

메타버스는 경험 가치를 창출하는 4I(Immersion, Interaction, Imagination, Intelligence) 기술을 통해 시공간을 초월한 새로운 경험 설계가 가능[86]함에 따라 현실 세계에서의 글로벌 공간 거리와 시간 격차를 크게 좁혀나갈 것이다(그림7-3).

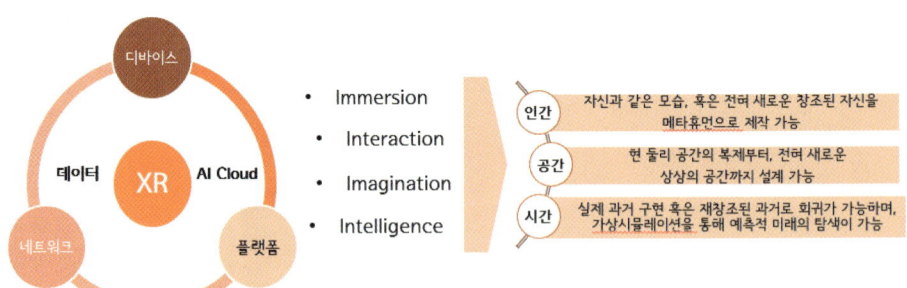

그림7-3 **복합 범용기술이 제공하는 차별화된 경험 가치 4I**
출처: 조진철 외, 『전자상거래 시대 글로벌 물류 인프라 구축 방안 연구』, 국토연구원, 2021

2. 한국의 국경 간 전자상거래

대한민국의 국경 간 전자상거래는 미흡

우리나라는 2022년 2월 현재 최근 3개월 동안 14년 만에 처음으로 무역수지 적자를 겪고 있다. 코로나 팬데믹과 함께 변화하는 무역 통상 환경 그리고 수출이 국가 경쟁력인 우리나라의 여건을 고려해볼 때 새로운 대외무역의 수단인 국경 간 전자상거래(CBEC Cross Border E-Commerce)의 활성화는 반드시 필요하다. 그러나 우리나라의 CBEC의 실상은 지금 까지 많이 부족한 실정이다.

우리나라의 CBEC가 활성화되지 못한 주된 이유는 아마존과 알리바바와 같이 우리나라를 대표할 만한 글로벌 전자상거래 유통 플랫폼이 부재하고, 이러한 유통 플랫폼의 원활한 운영을 뒷받침할 만한 해외 물류창고 인프라가 부족하기 때문이다.

CBEC가 활성화되면 B2C 거래의 활용도가 높은 중소·중견기업이 대기업 이상으로 많은 수출 증대 효과를 얻을 수 있다. 궁극적으로는 무역수지, 더 나아가 경상수지의 개선을 기대할 수 있을 것이다. 그러므로 중소·중견기업을 위한 글로벌 전자상거래 유통 플랫폼 및 물류 인프라를 구축할 수 있도록 체계적이고 실효성 있는 정책 지원 방안 마련과 시행이 필요하다.

매년 전자상거래 성장 및 규모를 예측하는 이마켓터eMarketer에 따르면 2021년 7월 현재 중국이 52.11%로 2위인 미국의 18.97%를 큰 격차로 앞서고 있고, 영국이 4.8%, 일본이 2.99%를 차지하고 있다. 한국의 전자상거래 규모는 전 세계의 2.46%를 차지해 5위권으로 당분간 이 규모는 유지될 것으로 전망된다(그림7-4).

그러나 한국의 전체 무역 거래 중 국경 간 전자상거래의 비중은 꾸준히 상승하고는 있으나, 2021년 기준 1조 3백억 원 규모로 전체 수출입

Top 10 Countries, Ranked by Retail Ecommerce Sales Share, 2021

- China 52.11%
- US 18.97%
- UK 4.80%
- Japan 2.99%
- South Korea 2.46%
- Germany 2.06%
- France 1.65%
- India 1.36%
- Canada 1.31%
- Russia 0.96%

% of total worldwide retail ecommerce

그림7-4 국가별 전자상거래 소매시장 현황 (2021)
출처: 조진철 외, 『전자상거래 시대 글로벌 물류 인프라 구축 방안 연구』, 국토연구원, 2021

표7-1 한국의 연간 전체 무역 대비 CBEC 비중 (단위: 백억 원, %)

판매유형			2015	2016	2017	2018	2019	2020	2021
전체 무역	수출		63,211	59,451	68,843	72,583	65,068	61,500	77,328
	수입		52,380	48,743	58,497	64,224	60,401	56,116	73,811
	소계		115,591	108,194	127,341	136,807	125,469	117,616	151,139
CBEC (국경 간 전자상거래)	수출	금액	12	15	12	16	23	49	103
		비중	0.02%	0.03%	0.02%	0.02%	0.04%	0.08%	0.13%
	수입	금액	97	110	148	191	223	262	323
		비중	0.19%	0.23%	0.25%	0.30%	0.37%	0.47%	0.44%
	소계	금액	109	125	161	207	246	311	426
		비중	0.09%	0.12%	0.13%	0.15%	0.20%	0.26%	0.28%

출처: 한국무역통계 진흥원, 『전자상거래 통계』, 2021, 조진철 외, 『전자상거래 시대 글로벌 물류 인프라 구축 방안 연구』, 국토연구원, 2021

중 약 0.28%에 불과하여 CBEC의 규모는 상당히 적다(표7-1).

국경 간 전자상거래가 한국의 수출입에서 1% 미만의 비중을 차지한다는 것은 다소 의아한 결과이다. 한국의 전체 소매 전자상거래 금액과 비교해도 국경 간 전자상거래 비중은 극히 미흡하다. 2020년 한국의 전체 소매 거래 중 전자상거래 거래액은 131.3조 원으로서 온

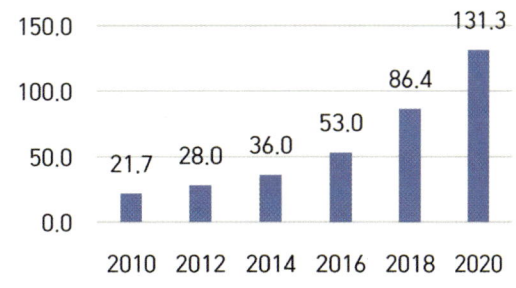

표7-2 한국의 전자상거래 소매 거래액(단위: 조)

출처: 통계청, 『연간 온라인쇼핑 동향』 정기 공시 자료

라인 소매 비중은 29.5%로 높지만, CBEC는 3조 1천 1백억 원으로서 한국 전체 전자상거래의 2.37%에 불과하다.

한국의 국경 간 전자상거래 비중 미흡은 중국과 비교했을 때 더 뚜렷하다. 중국은 2019년 국경 간 전자상거래를 통해 10조 5,000억 위안을 수출하고 수입함으로써 33.3%의 점유율을 기록하였다. 코로나19로 인한 비대면 대외무역이 강화된 원년인 2020년은 전체 무역액 중 CBEC를 통한 수출입이 약 12조 5,000억 위안으로 38.86%의 비중을 차지할 뿐 아니라 중국 CBEC의 76.2%를 수출이 점유하고 있다(표7-2).

국경 간 전자상거래는 중소·중견기업이 주도할 필요

중국의 경우 중소·중견기업의 비중이 높은 국가이며, 대외무역에서도 이들 중소·중견기업이 주요한 위치를 점하고 있다. 특히 전자상거래는 생산자 또는 판매자와 소비자가 직접 거래하는 다품종 소량 판매의 특성상 B2C 기반에 적합한 중소·중견기업이 그 비중을 많이 차지하게 된다(표7-3).

한국도 중소·중견기업이 초기부터 중요한 전자상거래의 주체이며 국경 간 전자상거래에서도 주도권을 가지고 있다. 2020년 기준 중소·중견기업이 전자상거래에서 차지하는 비중은 약 98%로서 수출 금액은 4

표7-3 중국의 연간 전체 무역 대비 CBEC 비중 (단위: 조 위안, %)

판매유형		2014	2015	2016	2017	2018	2019	2020
전체 무역	금액	28.68	25.85	24.36	27.8	30.5	31.6	32.2
CBEC (국경 간 전자상거래)	금액	4.2	5.4	6.7	7.8	9.0	10.5	12.5
	비중	14.6%	20.8%	27%	28.0%	29.5%	33.3%	38.86%

출처: 조진철 외, 『전자상거래 시대 글로벌 물류 인프라 구축 방안 연구』, 국토연구원, 2021

표7-4 2014-2020 기업 규모별 전자상거래 수출 현황 (단위: 억 원, %)

기업규모	2014	2015	2016	2017	2018	2019	2020	최근 3년간 평균증가율
대기업	10	83	146	127	189	102	26	-60.5%
중견기업	0	25	18	96	429	534	646	22.7%
중소기업	431	1,100	1,381	1,014	1,005	1,569	4,173	111.1%
기타	0	0	1	0	0	116	65	13,652%
합계	442	1,208	1,546	1,237	1,623	2,321	4,909	77.%

출처: 한국무역통계진흥원 인터넷 사이트 〈무역통계 콘텐츠〉
* 한국무역통계진흥원은 미달러 단위로 통계를 제공하며 환율 1,200원 기준으로 계산 후 변환함

억 불 정도이며, 중소기업이 85%, 중견기업이 13.16%를 점유하고 있다(표7-4).

국경 간 전자상거래가 확대되는 글로벌 비대면 대외무역 상황은 중소·중견기업에게는 기회다. 가뜩이나 중소·중견기업은 외국과 접근성이 떨어졌는데, 비대면을 통한 수출입의 확대, 국경 간 전자상거래의 확산은 이 분야에서 강점을 가진 중소·중견기업에는 더 없이 훌륭한 기회가 될 전망이다.

사실 최근의 무역수지 적자를 타개하는 방법도 국경 간 전자상거래의 확대에서 돌파구를 마련해야 한다. 그동안 우리 중소·중견기업은 대외무역에서 큰 역할을 하지 못하였다. 수출입 통계에서 차지하는 비중이 지난 20년 동안 20%를 넘지 못하고 있다(그림7-5).

중국처럼 국경 간 전자상거래가 활성화된다면 우리 대외무역 수지

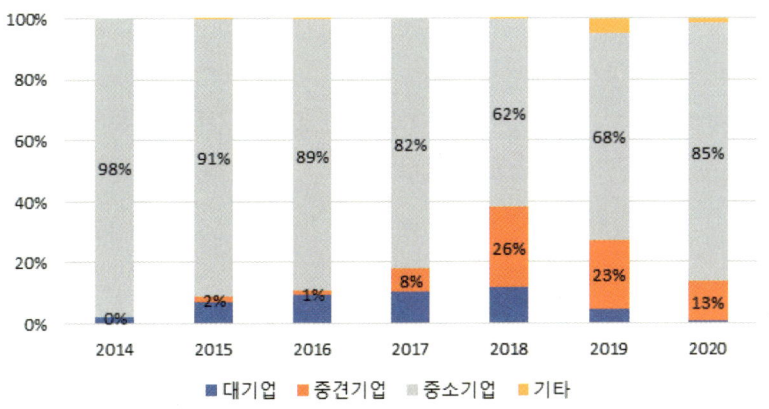

그림7-5 2014~2020 기업규모별 전자상거래 수출 현황
출처: 한국무역통계진흥원 인터넷 사이트 〈무역통계 콘텐츠〉

도 개선될 것이며, 중소·중견기업과 대기업이 균형 있게 발전하는 건전한 산업구조도 기대된다. 예를 들어 수출입 1% 미만의 국경 간 전자상거래 점유율이 중국처럼 38%까지는 아니어도 10% 정도만 차지해도 중소·중견기업의 수출입 비중은 20%내에서 30%대로 높아지게 될 것이다. 원자재 가격 인상에 쉽게 타격받는 대기업보다도 훨씬 기민하게 문제를 타개할 수 있으리라 전망된다.

3. 국경 간 전자상거래 기반 구축 필요

그러면, 왜 우리나라에서 국경 간 전자상거래가 이렇게 미흡한 것일까? 크게 두 가지 요인을 지적할 수 있다. 하나는 우리나라는 국경 간 전자상거래를 국가 아젠다agenda로 다룬 적이 없다는 것이고, 둘째는 우리 인터넷 플랫폼이 국제화에 적응하지 못하고 국내용으로 머물렀다는 데 있다.

앞서가는 전자상거래 강국, 중국

아니, 왜 그토록 후진국이라 생각했던 중국이 무역 강국, 전자상거래 최강국이 될 수 있었을까? 중국의 오랜 준비과정을 살펴볼 필요가 있다. 먼저, 중국은 국가적 아젠다로 국경 간 전자상거래를 다루고 있다. 중국은 2021년 현재까지 중국 전체에 105개의 국경 간 전자상거래 종합 시험구를 설립하였다. 중국은 국내외 O2O 체험장 건설, 해외창고 건설 등 3각 축을 통해 국경 간 전자상거래 규모가 지난 10여 년 동안 괄목할 만하게 성장하였다.

중국은 전자상거래 시장의 활성화와 지원을 위해 국경 간 전자상거래 종합 시험구(跨境电子商务综合试验区, China Cross Border E-Commerce Comprehensive Pilot Zone) 정책을 2013년부터 시행하였고, 전자상거래를 통한 물류를 지원하고 있다. 2015년 3월 항저우를 종합 시험구로 지정한 이후 2020년 4월 5차 지정까지 총 105개 도시를 종합 시험구로 지정하였다(그림7-6).

2015년부터 중국 국무원은 국경 간 전자상거래를 통한 중국 수출기업의 해외 판매 루트를 개척하고 해외 소비재를 저렴하고 신속하게 사들일 수 있는 유통 경로로 주목을 받는 O2O 체험장 건립을 지원하고 있다.

O2O 체험장은 전자상거래 플랫폼과 연동된 오프라인 판매점을 의

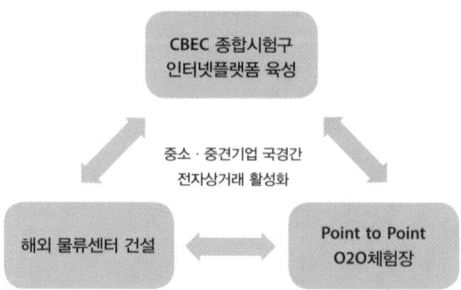

그림7-6 **중국 국경간 전자상거래 SW/HW 종합 물류인프라 구축**
출처: 조진철 외, 『전자상거래 시대 글로벌 물류 인프라 구축 방안 연구』, 국토연구원, 2021

미하며 소비자가 오프라인 판매점에서 상품을 둘러보고 상품을 고른 후 제품의 QR 코드 또는 바코드를 스마트폰 등으로 스캔하여 주문 및 온라인 결제가 이루어지면 상품이 배송되는 시스템을 가지고 있다.

해외창고는 현지 국가에 설립한 물류창고이며, 사전에 현지 국가에 통관을 마치고서 해외창고에 제품이 보관되는 형태다. 전통적 국제물류방식인 우편 배송방식, DHL 등 국제택배 방식 등은 전자상거래 소비자의 요구를 충족시키기 어렵다. 이를 개선하기 위하여 선입고 후거래 모델을 기반으로 하는 해외창고 구축이 증가하고 있다. 중국은 국경 간 전자상거래 종합 시험구 정책에서 해외창고(海外仓)를 국경 간 전자상거래와 함께 발전한 새로운 형태의 대외무역이라고 보고서 적극적으로 지원하고 있다.

해외창고의 전형적인 방식은 2006년 시작되었고, 2010년 국제 전자상거래가 폭발적으로 성장하면서 대형 전자상거래 플랫폼 기업이 자체적으로 해외창고를 시작하였다. 한편 2016년 중국 정부 업무 보고서는 기업이 수출 제품을 위한 해외창고를 건설할 경우 일괄 지원할 것을 명시해놓았다. 현재 중국의 해외창고는 3개의 주체, 즉 국제 전자상거래 기업, 수출기업 또는 제삼자 국제물류기업에 의하여 건설, 운영된다.

글로벌 인터넷 플랫폼 경쟁력 확보

언어에 취약한 국경 간 전자상거래 인터넷 플랫폼을 극복하기 위한 노력이 필요하다. 중소·중견기업의 마케팅을 지원하기 위해 2014년 무역협회에서 출범한 K-mall24의 경우 중국어와 영어, 일부 일어를 제공하는 차원에서 수행되었을 뿐으로, 국가별로 다른 표준을 적용하는 데 성공하지 못하였다. 2020년 이후 New K-mall24의 경우 언어를 스페인어, 프랑스어, 러시아어, 아랍어 등으로 범위를 넓혔으나 소통 메커니즘은 여전히 한계를 드러내고 있다. 평면적 인터넷 플랫폼이 가진 단점이며, 한국어가 지닌 글로벌 언어에서의 소외 현상 때문에 발생할 수밖에 없었던 문제점이다.

메타버스 등 최근 인터넷 플랫폼 기능이 평면적 언어 전달에서 점차 진화하고 있다. 차세대 인터넷 플랫폼에서는 언어 취약성을 극복할 기회가 마련되리라 전망된다. 메타버스 플랫폼은 언어보다는 아바타와 상품의 오감 표현과 바디랭귀지Body language 등이 소통의 원천으로 작용할 전망이다.

미국 UCLA대학의 명예 교수인 알버트 메라비언Albert Mehrabian에 따르면, 커뮤니케이션에서 상대방의 인상을 결정 짓는 요소는 말(단어)이 7%, 소리(음성)가 38%, 태도나 표정(시각)이 55%임을 발견하였다.87 말은 무엇을 말하는가이며, 소리는 음성적 요소로 목소리 음의 높낮이를, 그리고 몸짓이나 표정은 시각적 요소로 태도를 의미한다. 시각적 요소의 경우 다시 태도가 20%, 표정이 35%로 역할이 구분된다. 즉 상대에 대한 호감도를 결정할 때 상대가 하는 이야기의 내용이나 음성보다 시각적 요소를 제일 중요시하며, 만약 세 가지 요소가 불일치 하는 경우 시각적인 부분에 전적으로 의존하게 됨을 알 수 있다(그림7-7).

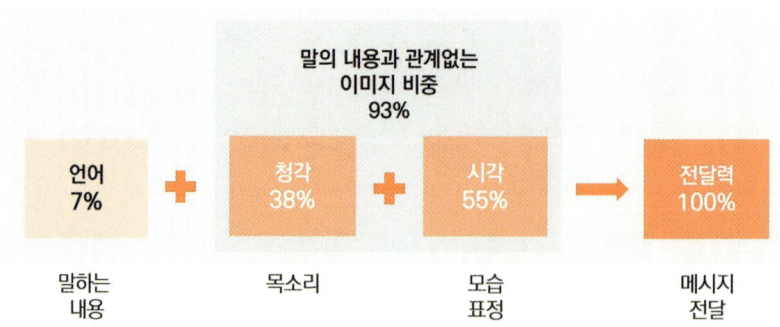

그림7-7 **커뮤니케이션의 구성요소 및 비율**
출처: 「음식점도 외모에 신경 써야 하는 시대」 매일경제 인터넷 신문(2016.2.11. 입력), 조진철 외, 『전자상거래 시대 글로벌 물류 인프라 구축 방안 연구』, 국토연구원, 2021

국내 인터넷 플랫폼의 현지화 노력이 요구된다

현재의 인터넷 플랫폼 기능은 상품의 전시 기능에 머무는 경향이 있으나 차세대 인터넷 플랫폼인 메타버스 플랫폼에서는 원거리의 아바타와 같이 일하는 회의 및 사무공간이 되며, 노동 이후 휴식의 시간에서는 놀거리를 같이 공유하는 문화의 공간이 된다.

즉 현재의 인터넷 플랫폼은 사람의 주 경제 활동이 일과 휴식으로 되어 있는 상황에서 상품구매가 휴식 시간에 한정되어 있으나, 차세대 메타버스 플랫폼에서는 상품의 현지인에 맞춤형으로 제작하는 기획과 판매 활동 등 일 자체를 공유하게 됨으로써 현지화를 앞당길 수 있다.

현지 물류창고와 연계한 풀필먼트 서비스

국경 간 전자상거래 플랫폼이 갖추어야 할 빠른 배송과 반품 처리를 수행하는 풀필먼트 서비스Fullfillment Service가 K-mall24에서는 고려하지 않았다.88 중국 등에서 해외창고를 통해 인터넷 플랫폼의 주문 및 결제와 동시에 상품을 빠르게 배송하고 반품 처리까지 수행한 것과 대조되는 상황이다. 현지에 인터넷 플랫폼 소유 물류창고와 직접적으로 연계하거나, 화주 기업(주로 대기업)의 창고와 연계하여 인터넷 플랫폼의 풀필먼트 수행 체계를 마련해야 한다.

아마존의 경우 자체 소유 물류창고 FBAFullfillment by Amazon와 화주 기업 소유 물류창고 FBMFullfillment by Merchant를 통해 풀필먼트 체계를 갖추고 있는 사례 등을 경우를 참고할 필요가 있다.

인터넷 플랫폼의 마켓팅 전략

현지에서 특정 사회적 집단, 공동체 등과 연계하여 물건의 일정량을 모아 저렴한 가격에 현지 집단 또는 공동체에 공급하는 공동구매 전략 등 마케팅 전략이 필요하다. 언어와 현지화가 미흡한 평면형 인터넷 플랫폼에서는 어려운 것이 사실이므로, 아바타와 같은 소통 기제를 활용하여 현지 사회적 네트워크에 연결하고 공동구매 전략 및 방문판매 등 차세대 인터넷 플랫폼형 마케팅 전략이 구현 가능할 수 있다.

예를 들어 중소기업이 가상 공간에서 현지인과의 사무를 공유하는 형태는 공동구매를 조직하거나 현지인의 방문판매 등을 통해 빠르게 중소기업 상품의 브랜드 인지도를 창출할 수 있다.

처음 소량의 물량을 인도한 후 현지 반응을 보고 예측하여 물량을 확대하는 것이 가능하여 중소 화주 기업이 물류창고에 상품을 적정하게 미리 보관할 수 있는 장점이 있다. 또한 일정 수요자를 확보한 상황에서는 예측 물류를 통해 차기 분 인도 물량을 생산하고 해외 물류창고에 보관하여 상품의 적시 공급이 가능하다.

화폐 결제에 대한 보완

플랫폼에서 거래 발생 시 국가 간 다른 통화를 글로벌 통화로 대체하거나 교환하는 과정은 그동안 우리 인터넷 플랫폼이 국제화에 성공하지 못한 원인이기도 하다. 특히 거래 발생 시 송금 등의 문제를 해결할 방안이 개도국 등에서는 거의 마련되지 못한 상황이므로 화폐 결제 보완 방안을 마련하는 방안을 생각해야 한다. 최근에 이슈화되고 있는 가상 자산인 코인과 NFT(대체 불가능 토큰)와 같은 토큰형 통화 등을 활용할 방안을 마련하여 구매자와 판매자 간 화폐 차이를 극복할 필요성이 있다.

4. 국경 간 전자상거래와 메타버스

우리의 국경 간 전자상거래 준비 상황은 현재 상태로는 부족하며, 그에 따라 대외무역에서 국경 간 전자상거래 비중은 매우 미흡한 1% 미만을 기록 중이다. 지금의 국경 간 전자상거래 1등국인 중국의 사례는 우리에게 시사하는 바 크다.

무엇보다 중국은 국내에서의 국경 간 전자상거래 IT 기반을 구축함으로써 전자상거래 경제 전쟁의 주도권을 가지게 되었다. 중국 내에 광범위한 국경 간 전자상거래 산업단지 또는 벤처단지를 조성함으로써 국경 간 전자상거래에만 종사하는 벤처기업을 육성하였다.

2012년 국경 간 전자상거래 8개 시범단지를 시발로 2015년부터는 종합 시험구를 마련하였고, 2020년에는 총 105개에 달하는 국경 간 전자상거래 종합 시험구가 등장하게 되었다. 각 성마다 적어도 3개 이상의 국경 간 전자상거래 산업단지를 조성한 것이다. 이를 통해 전자상거래에 필수적인 주문과 결제를 수행하는 글로벌 인터넷 플랫폼을 육성하였을 뿐 아니라 대 국민적인 국경 간 전자상거래 생태계를 구축하였다.

글로벌 메타버스 유통물류 플랫폼 구축

국경 간 전자상거래 지향 메타버스 플랫폼 구축이 필요하다. 글로벌 인터페이스가 가능하도록 전 세계를 21개 지역 허브로 구성하고, 각 지역 허브는 국가별 허브로 연결되도록 플랫폼을 구축하며, 국가별 허브는 또다시 국가 내 중심도시 권역으로 접근되도록 구성한다.

각 허브의 개별 공간은 국제회의, 사무가 가능하도록 콘퍼런스 홀과 공유오피스 기능을 마련함으로써 향후 각국의 정부와 지자체 간 국제협력이 가능하도록 설계하여 글로벌 접근성을 높일 필요가 있다.

수요를 창출할 수 있는 상품 및 문화 체험형 몰 구성도 필요하다. 각국의 대도시권에 메타버스 몰을 구성하고 정 중앙에 공연장 커뮤니티 홀 조성과 가로망 양편에 체험형 숍 등을 구성하여 플랫폼의 경쟁력을 높일 필요가 있다(그림7-8).

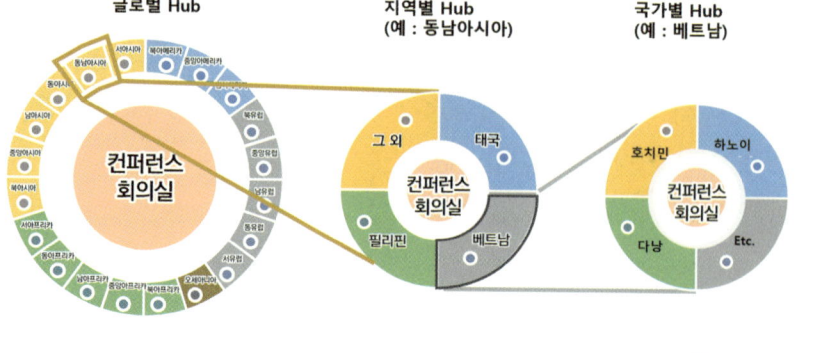

그림7-8 메타버스 공간 개념도
출처: 조진철 외, 『전자상거래 시대 글로벌 물류 인프라 구축 방안 연구』, 국토연구원, 2021

〈 메타버스 몰 구성 예시 〉

(3D 상품 전시를 통한 체험형 개별 가게 구성) 가로망을 따라 중소·중견 기업의 상품 전시 체험형 숍을 배치하고 상품을 3D로 아바타가 체험할 수 있도록 구성하며, 장기적으로는 맛, 냄새, 촉감 등 오감 체험형 상품을 전시한다.

(한류를 통한 아바타 유동 인구 확보) 중앙엔 대기업 전자 상품 등 브랜드 인지도가 큰 상품을 배열하고, 한류 공연장을 배치함으로써 유동 인구를 확보하되, 십자로의 끝에서부터 접근하도록 함으로써 중소·중견 기업의 브랜드가 지속 노출될 수 있도록 설계한다.

(현지인과 공동으로 일할 수 있는 구조 마련) 몰의 개별 숍 뒷공간에 회의구조와 사무구조를 마련함으로써 현지인과 함께 시장을 개척할 수 있는 공간을 구성한다. 언어는 현지 언어로 사용하고 현지인 고용, 재한 외국인, 재외 동포 등을 통해 통역을 통한 사무 및 회의를 개최하고 공동으로 일하는 협력 체계를 구축한다.

현실감 있는 아바타를 통해 상호 신뢰성 체계를 만든다. 아바타가 현실에 있는 인물과 비슷해질수록 신뢰도는 증가하나 데이터 전송에는 무리가 따르므로 슈퍼컴퓨터의 기능도 향상될 필요가 있다(그림7-9).

　(커뮤니티형 공동구매, 방문판매 등 마케팅 전략 활용) 현지인과 공동 사무 체계가 확보되면 인근 지역의 커뮤니티에 공동구매*를 조직하거나, 방문판매원 교육을 통한 판촉 활동을 전개함으로써 중소기업 제품의 브랜드 인지도를 향상시킨다.

　(거래와 결제를 할 수 있는 가상 자산 사용) 아바타가 가상 화폐를 결제할 수 있도록 대체 불가능 토큰(NFT)을 사용하고 토큰은 현지 화폐와 원화

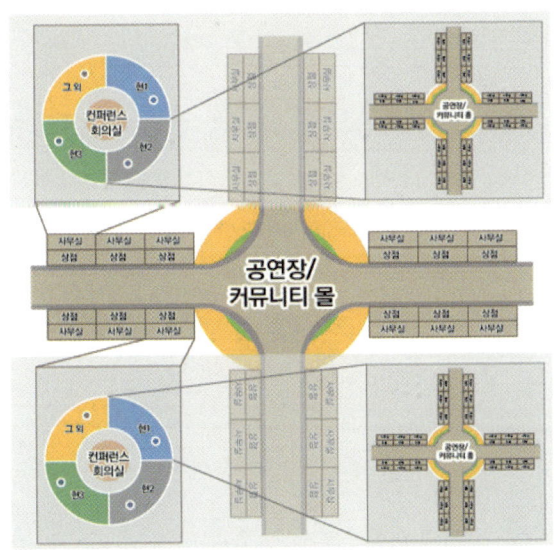

그림7-9　메타버스 몰 개념도
출처: 조진철 외, 『전자상거래 시대 글로벌 물류 인프라 구축 방안 연구』, 국토연구원, 2021

* 공동구매: 지역 주민들이 생활용품, 식자재, 필수품 등 일상에서 자주 소비하는 제품을 공동으로 구매하고 공급자는 지역의 편의점, 식당 등 일정한 장소에 제품을 배송하며 개별 소비자가 그 장소에서 상품을 개별적으로 수령.

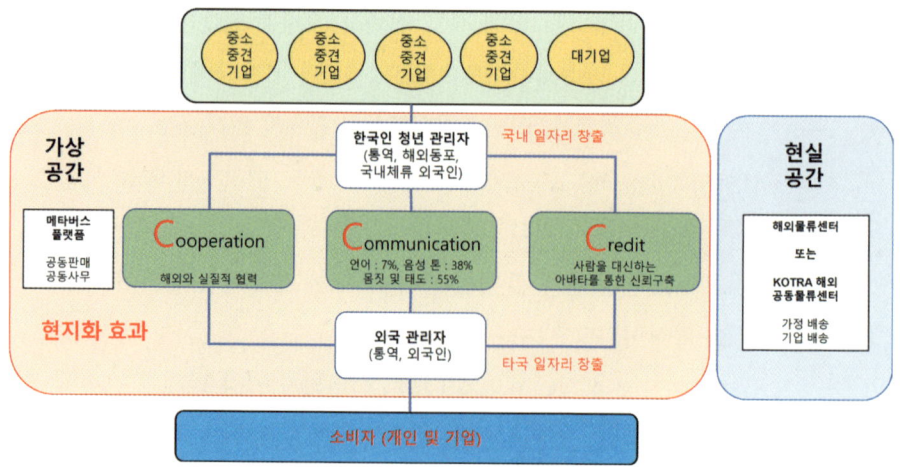

그림7-10 메타버스 물류체계 개념도
출처: 조진철 외, 『전자상거래 시대 글로벌 물류 인프라 구축 방안 연구』, 국토연구원, 2021

로 교환될 수 있도록 한다. 블록체인 기술을 활용 토큰이 교환될 수 있는 체계를 마련하여 어느 나라에서 구매하더라도 코인의 가치가 세계 어느 나라에서도 통용될 수 있는 체계를 마련한다.

(현지 물류센터를 통한 풀필먼트 서비스 시행) KOTRA, 농수산식품유통공사 등의 해외 공동물류센터에서 예측 물류를 통해 보관 중인 제품을 소비자에게 배송 및 반품 처리 서비스를 시행할 수 있는 체계를 갖춘다(그림 7-10).

국경 간 전자상거래 촉진 시범단지 조성

우선 수입품 시범단지 조성 검토가 요구된다. 중국의 국경 간 전자상거래 종합 시험구처럼 처음부터 글로벌을 목적으로 하고 진출할 수 있는 기제를 만들 수 있도록 수입품의 보세 체험장 또는 물류창고와 국경 간 전자상거래 거래 구조를 체험할 수 있도록 구성함으로써 먼저 수입품에 대해서 차후 수출로 진출할 수 있는 토대를 마련할 필요가 있다.

중국의 경우 이러한 수입 중심의 종합 시험구가 2016년 이후 보세 체험장에 대한 규제를 가하면서 해외에 물류창고 건설과 보세품의 수입 통로를 찾게 되었고, 지금은 해외 물류창고가 수출에 더 비중을 두는 수출 물류 인프라가 되었다.

메타버스 생태계 조성이 필요하다. 메타버스 인터넷 플랫폼, 아바타와 상품 제작 스튜디오, 국경 간 전자상거래에 대한 체험을 늘릴 수 있는 차세대 메타버스 생태계를 형성하여 국경 간 전자상거래 메타버스 벤처기업의 요람으로 작용할 수 있도록 조성함으로써 플랫폼 기업뿐만 아니라 IT 벤처기업의 글로벌 진출의 계기를 마련하도록 추진할 필요가 있다.

메타버스 국경 간 전자상거래의 경쟁력을 위해서는 NFT(대체 불가능 토큰) 등 블록체인 기술을 대폭 증진하는 계기를 마련하여 차세대 국경 간 전자상거래 금융 질서도 창출을 주도할 수 있도록 노력해야 한다.

지자체에 시범단지 설립을 통해 지역 균형발전에도 중요한 역할을 할 수 있다. 중국의 국경 간 전자상거래 종합 시험구는 지자체별로 지속해서 설립할 것을 권장하면서 현재는 105개에 달하는 종합 시험구가 마련되고 지역 일자리 창출에 큰 보탬이 되고 있다.

우리도 지자체에 국경 간 전자상거래 활성화 시범단지를 조성하고 지원함으로써 지자체 일자리 창출의 근간을 마련할 필요가 있다. 특히 중소·중견기업은 대부분 지역에 기반하면서 수출을 하는 경우 운송비 등 다양한 지원이 이루어지고 있어 국경 간 전자상거래 시범단지에서 중소·중견기업의 수출 지원을 통합적으로 수행할 수도 있다.

해외 도시 O2O 체험장 건설

해외 도심에 K - 뷰티, K - 푸드 등 물류센터 역할을 할 수 있는 O2O 체험장을 건설하는 것도 중요하다. 민간에서 해외 투자개발형 사업에 진출하려는 경우에 한국 상품을 유사 품목끼리 모아 전시하고 온라인 또는 오프라인상에서 판매하는 O2O 체험장을 건설하거나 리모델링을 통하여 경쟁력을 높여야 한다.

대형화된 이들 체험장은 점 대 점Point to Point 물류로 진화하는 최근의 흐름에 적합하며, 상품의 재고 기능도 담당함으로써 물류센터 역할도 수행할 수 있다. 또한 도심에서의 이들 O2O 체험장은 풀필먼트 서비스의 빠른 배송과 반품 처리 등을 신속하게 처리할 수 있어 현지 소비자의 신뢰를 확보할 수 있다.

현지 소매상 네트워크 또는 체인점에 대한 M&A를 통해 O2O 체험장으로 리모델링하는 것도 고려할 수 있다. 기존의 유사 품목을 판매하는 소매상 네트워크 또는 외국계 체인점을 M&A함으로써 K - 상품의 O2O 체험장으로 리모델링하는 사업을 중소기업들이 공동으로 추진할 수 있다. 그리고 다품종 소량의 배송이 도심 내 편의점 등에서도 이루어지는 상황이므로 유사 품목을 취급하는 상점끼리 네트워크화하고 라스트 마일Last Mile 서비스*를 진행하게 함으로써 풀필먼트 물류의 최종 배송을 진행하는 등 중소·중견기업이 해외 진출 방향에 새로운 변화가 필요하다.

---

* 라스트 마일 서비스는 물류업체가 소비자에게 물품을 전달하는 배송의 최종 단계를 말한다. 통신망에서의 '라스트 마일'은 통신사업자 또는 방송사업자에서 시작된 전송망이 건축물 내의 가구단자함과 구내선로를 거쳐 전화, TV, 컴퓨터 등에까지 이어지는 마지막 1마일 내외의 최종 구간을 뜻한다. (네이버 지식백과, 지형 공간 정보체계 용어사전)

8장

빅테크의 메타버스 전략

저는 GAFA가 인간의 기본적이고 본능적인
욕구에 호소함으로써 대성공을 거두었다고 봅니다.
구글은 신, 애플은 섹스, 페이스북은 사랑,
아마존은 소비를 향한 욕구에 호소합니다.
(스콧 갤러웨이, 『초 예측, 부의 미래』 중)

디 인포메이션The Information은 2021년 10월 26일 메타버스에서 창출될 잠재적 수익으로 2025년까지 820억 달러가 될 것이라고 예상했다. 이러한 잠재시장을 두고 국내외 글로벌 빅테크 기업들은 메타버스 플랫폼을 둘러싼 생존을 건 전쟁이 시작되었으며, 기존 글로벌 제조업들도 앞다투어 메타버스 플랫폼에 올라타고 있다.

1. 글로벌 빅테크 경쟁

메타버스의 미래에 베팅하는 메타(구 페이스북)

마크 저커버그 페이스북 창업자 겸 CEO는 2021년 10월 28일 사명을 페이스북에서 메타로 바꾸고 "이제 우리에겐 페이스북이 1순위가 아닙니다. 메타버스가 새로운 미래가 될 것이다"라고 메타버스에 모든 역량을 집중하겠다고 선언했다. 페이스북은 메타버스를 어떻게 생각할까? 마크 저커버그는 메타버스를 "인터넷 클릭처럼 쉽게 시공간을 초월하여 멀리 있는 사람과 만나고 새로운 창의적인 일을 할 수 있는 인터넷 다음 단계이다"라고 정의한다. 저커버그는 또 "우리는 10년 안에 10억 명의 인구가 메타버스를 사용하고, 수조 달러의 디지털 커머스 생태계가 구축되며, 수백만 개의 크리에이터와 개발자 일자리가 생기는 것을 희망한다"라고 말했다. 저커버그는 2021년 10월 25일 메타버스인 가상몰입형 세계를 구축하는 데 향후 몇 년간 수백억 달러를 투자하겠다고 밝혔다.

메타의 이러한 투자 계획은 투자자 간 논란이 많은 상태다. 2019년부터 은행을 거치지 않고 국제간 송금·결제 등을 하기 위하여 그동안 야심차게 준비해왔던 가상화폐 리브라를 각국의 반발로 2022년 1월 매각하는 등 가상화폐를 포함한 메타버스 생태계 구축 전략에 어려움이 있는 것도 사실이다.

그러나 메타는 메타버스 VR 기기인 오큘러스 브랜드 이름을 메타로 바꾸는 등 공격적인 메타버스 전략을 유지하고 있으며, 향후 인프라와 기기의 발전과 함께 메타버스의 잠재성을 인식하고 메타버스 시장을 선도하겠다는 의지를 담고 있다.

메타의 메타버스 전략은 웹 3.0시대를 맞아 인터넷의 새로운 변화와 맞물리고 있다. 디지털 자산에 대한 암호화와 소유권이 점차 발전되고 있고, XR의 발전은 인터넷에서 직접 경험할 수 있는 경험 웹의 현실화를 앞당기고 있다. 인터넷 변화의 속도를 가속화 한 것은 코로나의 장기간 유행이다. 사람들이 팬데믹을 거치면서 디지털 공간에서 활동하는 것에 익숙해지고 물리적 공간(현실 공간)만큼 디지털 공간에서 대화하고 커뮤니티를 형성하고 재택 근무 등을 하는 시간이 많아졌다. 이러한 변화는 메타가 메타버스를 전략 사업으로 집중 투자를 할 수 있는 배경이 되고 있다.

차별화된 메타버스 생태계를 꿈꾸는 마이크로소프트

마이크로소프트(이하 MS)의 창업자 빌 게이츠는 메타버스가 앞으로 우리 삶의 많은 부분을 대체할 것이라며, 특히 2~3년 안에 회사 내 대부분의 회의가 메타버스 세계에서 진행될 것이라 말했다.

MS는 2022년 1월 18일 미국 게임 개발사인 액티비전 블리자드Activision Blizzard를 687억 달러(약 82조 원)에 인수한다고 밝혔다. MS 최고경영자로 인도 출신인 사티아 나델라는 "게임은 엔터테인먼트 가운데 가장 강력한 분야로 메타버스 플랫폼 개발에 중요한 역할을 할 것이다"라고 밝혔다. MS가 인수하는 블리자드의 게임 인원수는 매월 4억 명을 넘나든다. 블리자드는 능력 있는 개발자를 포함하여 1만 명의 거대한 조직이다. 메타버스에 우호적인 이용자와 게임 개발자를 기반으로 게임과 메타버스를 연결하려는 계획이다.

MS는 막강한 자본력을 바탕으로 메타버스 생태계를 만들려고 하고 있다. MS가 코스닥 시가총액 2위인 SK하이닉스의 87조 원 - 2022년 1월 21일 현재 - 에 가까운 거액을 쏟아부은 결정에는 새로운 메타버스 콘텐츠와 세계관을 만들어 차별적이고 경쟁력 있는 가상 세계를 구축하기 위한 목적이다. MS는 블리자드를 통하여 음악, 영화, 문화 등으로 콘텐츠를 확대하여 나갈 것으로 전망된다. MS는 메타버스를 가상 체험을 경험하는 기본 기기인 VR 개발에도 많은 노력을 기울이고 있다.

MS는 2022년 1월 CES에서 미국의 통신 반도체 대기업인 퀄컴과 공동으로 이용자들이 메타버스 앱에서 사용할 AR 글래스 전용 칩을 개발 중이라고 밝혔다. 메타버스 생태계 선점을 둘러싼 글로벌 빅테크들의 합종연횡이 본격화되고 있고, 미래의 시장을 둘러싼 경쟁은 치열해질 전망이다.

메타버스를 준비 중인 애플과 구글

애플도 메타버스 플랫폼을 구상하고 있다. 애플은 2022년에서 2023년을 목표로 AR 글래스 개발을 진행 중이다. AR디바이스는 길 안내나 메시지 알림, 화상채팅 등의 정보를 투명한 렌즈 위에 표시할 수 있다. 아이폰의 휴대성과 사용 편의성(USB-C 연결)을 고려하여 장소와 관계없이 조작할 수 있는 AR 글라스 개발에 중점을 두고 있다. 애플은 자체 AR 글래스 OS도 개발하고 있는 것으로 알려졌다.

구글도 순다르 피차이 CEO가 2021년 5월 개발자 대회에서 실제 상대방이 앞에서 대화하는 듯한 3D 영상 채팅인 프로젝트 스타 라인을 발표하고 메타버스에 탑승하였다.

대표적인 글로벌 가상부동산 플랫폼 디센트럴랜드

디센트럴랜드Decentraland는 이더리움에 기반을 둔 가상 세계를 구축하고 사용자가 가상 세계를 소유하여 운영할 수 있는 디지털 생태계를 만들었다. 디센트럴랜드는 2015년에 오르다노와 멜리치Esteban Ordano, Ariel Mellich에 의해 설립되었다. 2017년에 ICO를 통하여 암호화폐인 마나MANA로 86,206이더ETH를 조달했다. 당시 가치로 보면 26백만 달러로 성공적이었다. 디센트럴랜드의 토지LAND는 대체 불가능한 토큰NFT, non-fungible token이다. 마나MANA는 시가총액이 2022.1.8.일 현재 6조8천억 원에 이르고 있다.

한국의 삼성전자가 2022년 1월 디센트럴랜드에 가상 매장인 삼성

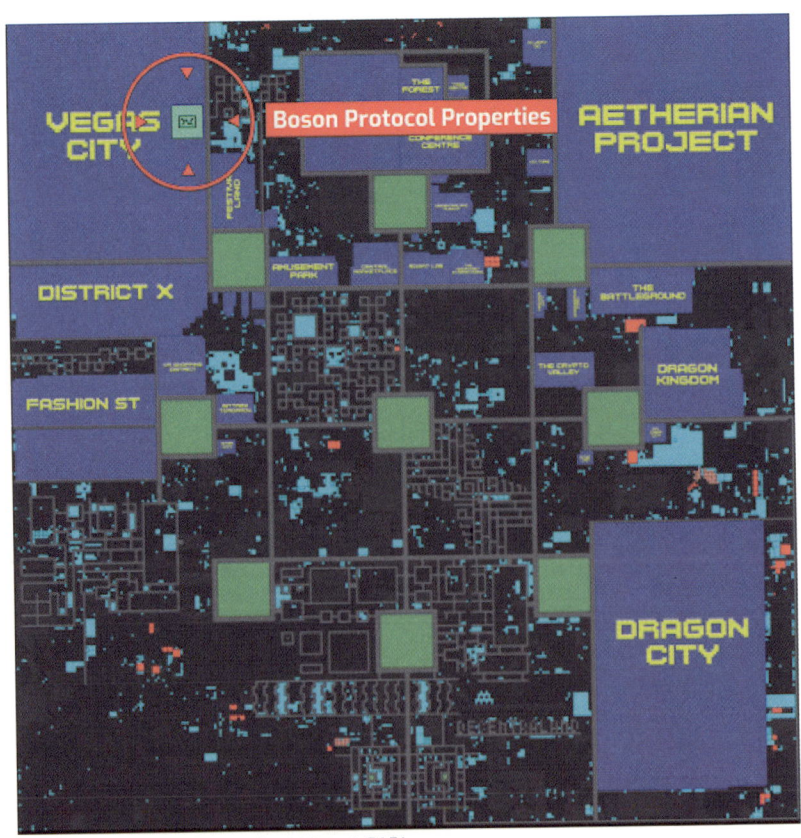

그림8-1 　디센트럴랜드 내 가상토지 현황
출처: 디센트럴랜드 홈페이지

837X를 만들었다. 뉴욕 맨해튼에 있는 삼성전자의 플래그십 스토어Flagship Store 삼성 837을 가상 세계인 디센트럴랜드로 옮겨놓은 것이다. 대기업들도 본격적으로 글로벌 메타버스 플랫폼에 진입하고 있다. 아직까지는 대체 플랫폼 개발보다는 메타버스 시장을 선도하는 플랫폼에서 영향력을 확대할 것으로 보인다(그림8-1).

퍼블릭 블록체인으로 영향력을 확대하고 있는 더 샌드박스

영국의 글로벌 컨설팅 기업인 프라이스워터하우스 쿠퍼스PwC, PricewaterhouseCoopers 홍콩 지사가 2021년 12월 더 샌드박스The Sandbox 내 가상토지를 매입했다고 발표하였다. 메타버스 안에서 경험을 축적하고 회계와 세무 등을 포함한 컨설팅 업무를 선점하겠다는 의도로 보인다.

대체 불가능한 토큰(NFT) 기반 메타버스 플랫폼 '더 샌드박스'는 2021.11월 소프트뱅크 비전펀드2SoftBank's Vision Fund 2가 주도한 펀딩 라운드에서 1,100억 원 규모의 시리즈 B 투자를 유치했다. 여기에는 LG 테크놀로지 벤처스, 삼성 넥스트, 컴투스 등 국내 기업 외에 리버티 시티 벤처스, 갤럭시 인터랙티브 등 글로벌 기업들도 시리즈 B 투자에 참여했다. 소프트뱅크가 암호화폐 발행기업에 투자한 것은 이번이 최초로 알려져 있다(그림8-2).[89]

더 샌드박스는 이더리움 블록체인에서 가상 게임 경험의 구축과 보유, 수익화를 지원하는 NFT 플랫폼이다. 사용자는 해당 플랫폼에서 NFT를 발행하고 소유권을 가질 수 있다. '플레이 투 언play-to-earn, p2e' 모델을 사용해 메타버스에서 보내는 시간 동안 수익을 창출할 수도 있다. 더 샌드박스가 발행한 암호화폐인 샌드SAND는 시가총액이 5조5천억 원에 달한다(2022.1.8.일 업비트기준).

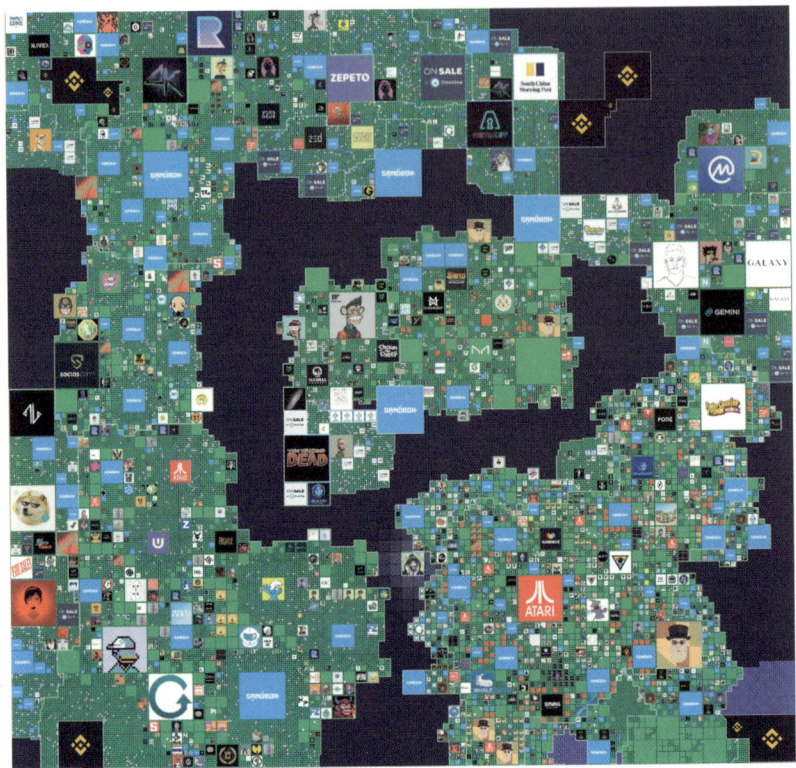

그림8-2 샌드박스 내 가상토지 현황
출처: 더 샌드백스 홈페이지

2. 국내 기업의 메타버스 진출 전략

글로벌로 확장하고 있는 네이버와 메타버스를 준비 중인 카카오

한국에는 네이버가 메타버스 플랫폼인 제페토를 통해 글로벌 확장에 나서고 있다. 네이버의 계열회사인 네이버제트가 운영 중인 제페토는 얼굴 인식과 증강현실(AR) 등을 이용하여 아바타와 가상 세계를 만드는 플랫폼이다. 2018년 출시된 제페토는 이후 글로벌 누적 가입자 2억 명 이상을 보유하고 있다. 이용자의 80%가 아직까지는 10대로 Z세대의 소셜 네트워크 영역이 중심이지만, 최근에 메타버스 플랫폼이 주목을 받으면서 다양한 영역으로 확장 중이다.

　제페토는 국내 엔터테인먼트를 대표하는 빅히트, YG, JYP로부터 투자 유치에 성공하고 케이컬쳐K-Culture를 글로벌로 확장시켜나갈 예정이다. 세계의 유명브랜드인 나이키, 구찌, CJ 등 국내 대기업들도 계속 합류하고 있어 앞으로 제페토가 메타버스 글로벌 플랫폼으로 어디까지 영역을 확장할지 주목된다.

　카카오는 계열회사인 카카오게임즈를 중심으로 하여 게임으로부터 메타버스를 시작하여 확대beyond game하여 나갈 생각이다. 현재 카카오 전체적으로 메타버스에 대한 종합적인 비전은 그려져 있지 않지만, 국내 플랫폼에서 네이버와 양대 축을 이루는 카카오도 적극적으로 메타버스 사업에 진출할 것으로 보인다.

　카카오게임즈는 그동안 엑스엘게임즈, 라이온하트 스튜디오[90] 등 다수의 인기 게임사를 인수하여 게임 개발과 운영 능력을 키워왔다. 그리고 게임 개발사인 넵튠을 인수하고 넵튠을 통하여 다양한 메타버스 관련 업체에 지분을 투자[91]하여 메타버스 역량을 강화하고 있다. 프렌즈게임즈를 통하여 NFT 거래소도 추진하고 있다.

　국내 대표 글로벌 대기업인 삼성, SK, 현대자동차를 비롯한 많은 대기업이 메타버스 플랫폼을 만들거나 계획 중이며, 관련 디바이스 개발 경쟁에 뛰어들고 있다.

　삼성전자도 메타버스에 역량을 투여할 예정이다. 아직 방향성과 본격적인 메타버스 전략은 발표되지 않은 상태다. 2022년 1월 메타버스 플랫폼 '디센트럴랜드'에 가상 매장인 삼성 837X 개점하는 등 메타버스 진출을 본격화하기 시작했다. 삼성전자는 메타버스 플랫폼보다는 그동안 개발 경험이 있는 VR 기기와 연구개발 중인 AR 글래스 등 관련 기기의 시장 확대 전략으로 메타버스에 탑승할 가능성이 크다. 삼성전자는

AI와 반도체 기술에 강점이 있는 만큼 향후 메타버스 확장에 강점을 발휘할 수 있을 것으로 보인다.

통신업계의 국내 선두 주자인 SK텔레콤은 2021.7월 메타버스 플랫폼인 이프랜드ifland를 출시했다. 이프랜드는 메타버스 소셜미디어의 새로운 장을 열어갈 것으로 보인다. 이프랜드에는 대형 컨퍼런스홀, 야외 무대, 루프탑, 학교 대운동장 등 18종의 룸 테마 공간이 준비되어 있다. 앞으로 룸 공간은 18종에서 더욱 다양한 테마로 확대하여 나갈 예정이다. 테마별로 날씨, 시간대, 바닥, 벽지 등 배경을 추가로 선택할 수 있어 같은 테마 룸이라도 이용자의 취향에 따라 다양한 컨셉을 연출할 수 있는 현실감도 더했다.

또한 SKT는 회의, 발표, 미팅 등 메타버스의 활용성이 다양해지는 사회 흐름을 반영해 이프랜드 안에서 원하는 자료를 문서PDF, 영상MP4등 등 다양한 방식으로 공유하는 환경을 구축했다. 하나의 룸에 현재 130명까지 참여가 가능하고, 추후 130명에서 수백여 명이 참여하는 대형 컨퍼런스 등도 무리 없이 진행될 수 있도록 확대할 계획이다.[92]

기존 빅테크 기업을 포함하여 글로벌 제조업체들도 메타버스를 자사의 경쟁력을 강화하는 필수 플랫폼으로 인식하고 추진하기 시작했다.

현대자동차는 2022년 CES에서 2022년 말까지 디지털 트윈으로 메타버스 공장을 만들고 공장이 돌아가는 상황을 실시간으로 구현하겠다고 밝혔다. 글로벌 공장이 많은 현대자동차는 실제 공장에서 발생하는 다양한 문제들을 메타버스 플랫폼 안에서 원격으로 확인하고 문제를 실시간으로 해결하기 위한 플랫폼을 만들 계획이다.

메타버스 공장에서 신차를 먼저 만들고 가상 경험을 통하여 실제로 생산할 때 생길 문제를 미리 파악할 수도 있다. 이를 위해 현대차는 2022년 1월 CES 2022에서 '미래 메타버스 플랫폼 구축 및 로드맵 마련을 위한 전략적 파트너십'을 게임 소프트웨어 개발업체인 미국의 유니티

Unity93와 체결했다.

정부도 메타버스 활성화에 앞장서고 있다. 정부는 2022년 1월 20일 '디지털 신대륙, 메타버스로 도약하는 대한민국'을 비전으로 해서 2026년까지 글로벌 메타버스 시장 점유율 5위, 메타버스 전문가 4만 명 양성, 매출액 50억 원 이상 전문 기업 220개 육성, 메타버스 모범 사례 50건 발굴을 목표로 4대 추진 전략과 24개의 중점 추진 과제를 마련하였다.

9장
메타버스 정부 정책

기술혁신을 위한 장기적 전략을 마련하고,
혁신 투자가 수반하는 불가피한 실패를 감내하는
기업가형 국가를 수립해야 한다.
(마리아나 마추카토, 기업가형 국가 중)

미래 산업 육성에 있어 국가의 역할은 중요하다. 메타버스 관련 산업은 기존의 발전된 모든 산업이 융합된 복합기술을 기반으로 하는 새로운 산업이다. 관련 법과 제도 등의 변화가 불가피하다. 정부가 이러한 장애물을 제거해주지 않으면 미래 산업은 성장할 수 없다. 메타버스 관련 정부 정책에 대해 개괄하는 이유다.

스타트업 등 혁신기술을 바탕으로 성장하고자 하는 기업의 경우에 현실을 못 따라가는 법과 제도의 장벽으로 좌절되는 경우가 많다. 스타트업과 같은 초기 기업이 자원과 역량에서 갖는 한계점을 고려했을 때 외부자원, 특히 정부 지원 사업을 분석하고 연계하는 것은 매우 중요하다.[94]

스타트업은 시작할 때부터 다양한 리스크에 노출된다. 글로벌 컨설팅업체 CB INSIGHT가 2021년 110개 스타트업 실패 사례를 사후 조사한 자료를 보면, 법과 규제가 18%로 12개의 실패한 중요한 이유 중 하나로 나타났다(그림9-1).

국가는 혁신을 위하여 미래 산업에 대한 리스크를 일정 부분 부담

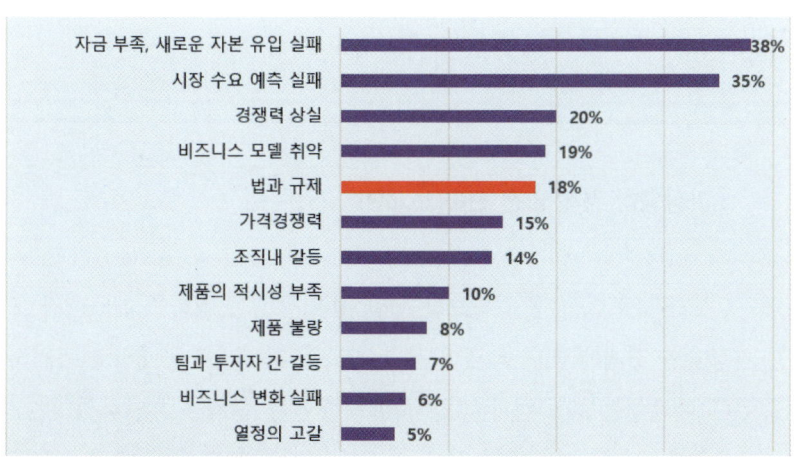

그림9-1 **스타트업의 실패 요인**
출처: CB Insight, *Top Resons Start-ups Fail*, 2021.9, 저자 재작성

해야 한다. 혁신은 불확실하고 실패할 수 있지만 사회적 자본으로 남는다. 영국의 경제학자 마리아나 마추카토Mariana Mazzucato는 혁신은 오래 걸리고 장기간에 걸쳐 누적되어 일어나며, 민간과 공공 영역 등이 상호 작용하여 이루어지는 집합적인 과정95이라고 한다. 혁신이 경쟁력이 있고 수익 창출을 하기 위해서는 시간이 오래 걸리기 때문에 장기적인 관점을 가지고 정부와 민간 영역, 공공 영역이 협력 네트워크를 구성하는 것이 필요하다.

정부 정책에 대한 이해는 미래 산업에 투자하고자 하는 스타트업이나 혁신 기업들이 정부가 지원하는 R&D 자금 등에 대한 접근성을 높이고 정책의 방향성을 고려하여 정부와 민간의 효율적인 협력 방안을 찾기 위함이다. 정부도 미래 산업과 관련된 지원 사업을 개방형 컨소시엄으로 객관화시켜 많은 기업이 적극적으로 참여할 수 있도록 기업의 자율성을 확대하는 등 관리 위주의 정부 정책 지원을 장기 투자 개념으로 전환해야 한다.

우리 사회가 메타버스 등 미래 산업에 대한 경쟁력을 확보하기 위하여 민·관·연이 효율적인 네트워크를 형성하고 투자가 활성화될 수 있도록 노력해야 하며 관련 법과 제도 등도 개선할 필요가 있다.

1. 가상융합 경제 발전 전략(2020년)

정부는 글로벌 경쟁력 확보를 위한 정책 추진을 위하여 메타버스 또는 가상융합 경제에 대한 상세한 정책 기조를 지속해서 공개하고 독려하고 있다. 아래에는 2020년과 2022년 발표한 정부 정책을 요약하였다.

우선 2020년 12월 10일 처음 발표한 메타버스 활성화 대책의 총론적 방향은 2가지 예시로 볼 수 있는데, 우선 첫 번째인 2020년에서는 추진목표(2025)와 추진 전략을 제시하고, 이어서 주요 과제(2021 ~2025)를 구체적으로 소개하였다. 이때는 메타버스라는 용어보다는 가상융합 경제라는 용어를 사용하였다(표9-1).

표9-1 가상융합 경제 발전 전략 요약, 정부 발표 참고로 저자 작성

전략1	산업 현장에서 사회 문제 해결까지 가상융합 기술(XR) 활용 전면화
❶	6대 핵심산업(제조·건설·의료·교육·유통·국방) '가상융합 기술XR 플래그십 프로젝트' 추진
❷	지역균형 발전을 위해 지역 곳곳에 가상융합 기술(XR) 활용·투자 기반 조성
❸	민간 참여·투자 견인할 가상융합 기술(XR) 펀드 등 확산 기반 마련
❹	사회적 포용과 문제 해결에도 가상융합 기술(XR) 적극 활용
전략2	가상융합 기술(XR) 필수 인프라 조기 확충 및 제도 정비
❶	디바이스 핵심 기술(마이크로디스플레이, 광학렌즈) 및 완제품 개발·실증 지원
❷	공간 정보, 제조·문화 등 가상융합 기술(XR)용 데이터 댐 전방위적 구축
❸	최첨단 네트워크 고도화로 초고속·최소지연 가상융합 기술(XR) 서비스 확산
❹	가상융합 경제 진흥 법제 마련과 가상융합 기술XR '10대 규제' 개선
전략3	가상융합 기술(XR) 기업 세계적 경쟁력 확보 지원
❶	전문 기업 집중 지원을 통해 '25년 매출 50억 원 이상 전문 기업 150개 육성
❷	가상융합 기술 가시화·인터랙션, 홀로그램, 오감 기술 등 미래 혁신기술 확보
❸	석·박사급 고급 인재, 제조·문화 등 분야별 전문 인재 양성('25년까지 1만 명 양성)
❹	가상융합 기술 XR 기업 글로벌화 촉진

NO	가상융합 경제	발표 이미지
1	주요 특징	①사용자 몰입 극대화 (Immersion) ②현실공간 제약 해소 (Beyond Space) ③가상-현실 연결·융합 (Connectivity) VR(가상 현실) 현실과 차단된 가상 환경을 구현하고, 실제처럼 느끼고 유사한 체험을 지원 AR(증강현실) 현실 영상 위에 디지털로 구현된 가상의 정보를 제공하여 현실을 확장 MR(혼합현실) 현실 세계와 가상 객체가 자연스럽게 공존하며 상호작용 (기술 특징) 경제·사회 전반의 디지털 대전환과 맞물려 컴퓨터, 인터넷, 스마트폰을 이어 인간이 디지털 정보와 상호작용하는 방식을 근본적으로 변화시킬 전망

NO	가상융합 경제		발표 이미지
3	도메인 구분		현실세계(Reality) / 현실 + 가상(Reality+Virtual) / 가상세계(Virtual World) 가상융합 경제는 가상융합 기술(XR)을 활용해 경제 활동(일·여가·소통) 공간이 현실에서 가상·융합세계(현실·가상 공존)까지 확장되어 새로운 경험과 경제적 가치를 창출하는 경제를 의미함. 특히, 제조·의료·유통 등 국가 핵심 산업의 가치사슬 전 단계에 가상융합 기술(XR)이 활용되어 전통적인 비즈니스 모델의 혁신을 가속화하고, 경제 성장을 견인할 것으로 기대됨.
4	영역 ①	제조 분야	기존: 작업자가 직접 매뉴얼을 보면서 유지보수하거나, 해외에서 전문가를 불러야 함 / 가상융합경제: 작업자가 AR 글래스만 착용하면 실시간으로 해외 전문가의 작업지시 정보를 받아 유지보수가 가능함(시간, 비용 절감)
5	영역 ②	교육 분야	기존: 사람들이 한 장소에 모여 종이문서나 PC를 보면서 교육을 받거나 회의함 / 가상융합경제: 다른 곳에 있어도 가상공간에서 모여 회의할 수 있고, 우주나 화산 분출 같은 상황도 생생한 체험이 가능함(공간제약 해소, 몰입감 향상)
5	영역 ③	유통 분야	기존: 옷이나 가구를 사기위해 매장을 직접 방문하여 실물을 보고 구매함 / 가상융합경제: 집에서 옷이나 가구를 가상으로 입어보거나 배치해 보면서 최적의 상품 구매가 가능함(시간절약, 소비활동 활발)
	시범서비스 *국민체감형 AR 시범서비스(안)		【공공행정 + AR】 부동산 등 시설물 정보 등 / 【도시·관광 + AR】 역사문화, 도시정보 등 / 【쇼핑·광고 + AR】 재래시장 제품 홍보 등

2. 메타버스 발전 전략(2022년)

2022년에 발표한 정책인 디지털 신대륙, 메타버스로 도약하는 대한민국의 전략을 정리하고 살펴보면 표9-2와 같다.

표9-2 메타버스 발전 전략 요약, 정부 발표 참고로 저자 작성

전략1	세계적 수준의 메타버스 플랫폼에 도전하겠습니다!
▶ 10대 분야 메타버스 플랫폼 발굴, 한류 및 지역 특화 콘텐츠 제작 지원	
❶	메타버스 플랫폼 생태계 활성화
❷	메타버스 플랫폼 성장 기반 조성
전략2	메타버스 시대에 활약할 주인공을 키우겠습니다!
▶ 청년 메타버스 전문가 양성을 위한 메타버스 아카데미 개원('22, 180명), 메타버스 융합전문대학원 신설('22, 2개), 메타버스 노마드 업무 환경 지원	
❶	메타버스 인재 양성
❷	메타버스 활용 · 저변 확대
전략3	메타버스 산업을 주도하는 전문 기업을 육성하겠습니다!
▶ 초광역권 메타버스 허브 구축('22, 1개소), K-메타버스 글로벌 네트워크 구축	
❶	메타버스 기업 성장 인프라 확충
❷	메타버스 기업 경쟁력 강화
전략4	국민이 공감하는 모범적 메타버스 세상을 열겠습니다!
▶ 메타버스 윤리 원칙 수립, 자율 · 최소 규제 · 선제적 규제 혁신 원칙 정립, 메타버스 사회혁신센터 운영 등 공동체 가치 실현 기여	
❶	안전하고 신뢰할 수 있는 메타버스 환경 조성
❷	메타버스 공동체 가치 실현

이 같은 4대 전략을 기반으로 상세 운영 전략을 요약하면 표와 같다.

NO	메타버스	발표 이미지
1	시대별 ICT 패러다임 변화와 메타버스 개념이해	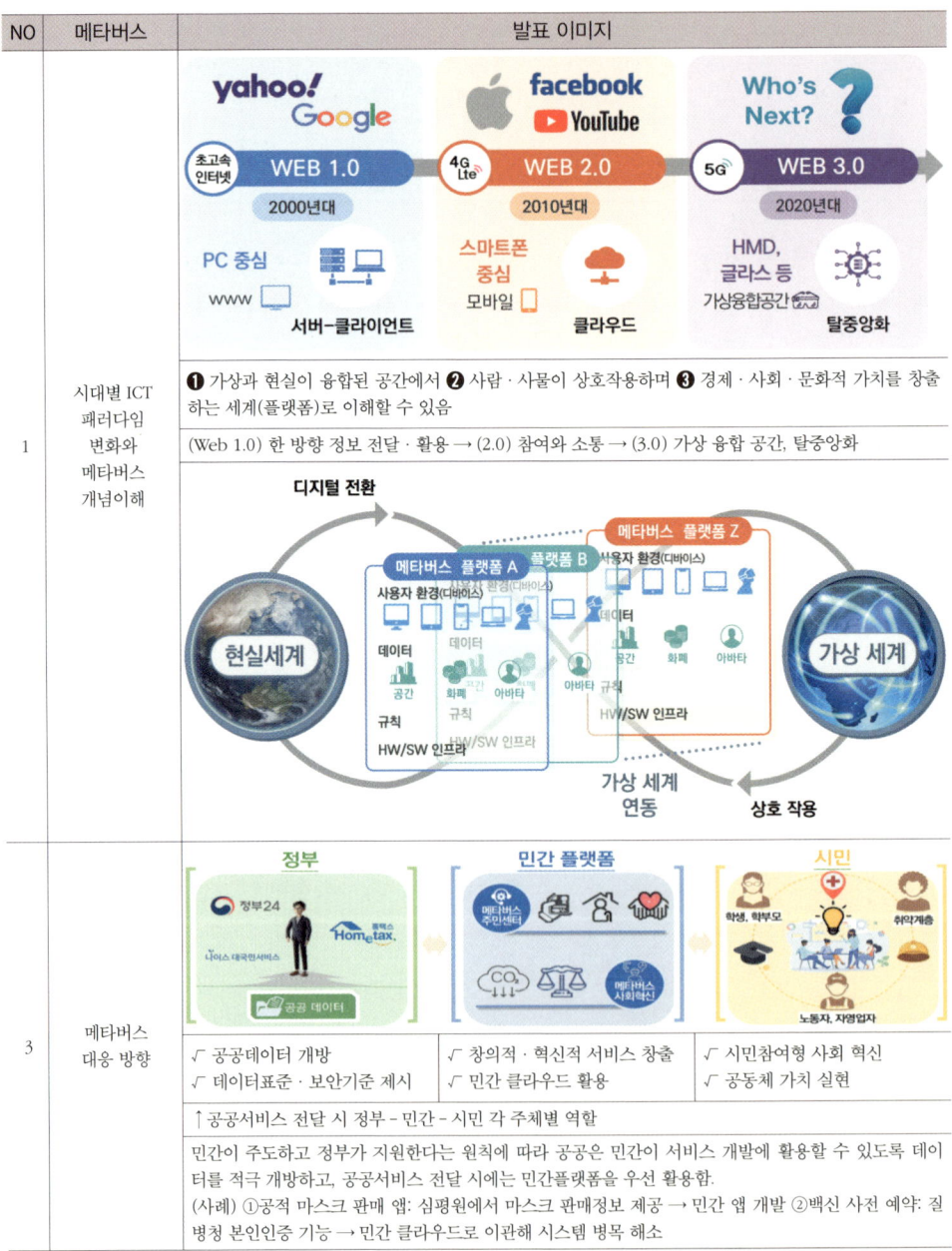 ❶ 가상과 현실이 융합된 공간에서 ❷ 사람·사물이 상호작용하며 ❸ 경제·사회·문화적 가치를 창출하는 세계(플랫폼)로 이해할 수 있음 (Web 1.0) 한 방향 정보 전달·활용 → (2.0) 참여와 소통 → (3.0) 가상 융합 공간, 탈중앙화
3	메타버스 대응 방향	✓ 공공데이터 개방 / ✓ 데이터표준·보안기준 제시 / ✓ 창의적·혁신적 서비스 창출 / ✓ 민간 클라우드 활용 / ✓ 시민참여형 사회 혁신 / ✓ 공동체 가치 실현 ↑공공서비스 전달 시 정부 - 민간 - 시민 각 주체별 역할 민간이 주도하고 정부가 지원한다는 원칙에 따라 공공은 민간이 서비스 개발에 활용할 수 있도록 데이터를 적극 개방하고, 공공서비스 전달 시에는 민간플랫폼을 우선 활용함. (사례) ①공적 마스크 판매 앱: 심평원에서 마스크 판매정보 제공 → 민간 앱 개발 ②백신 사전 예약: 질병청 본인인증 기능 → 민간 클라우드로 이관해 시스템 병목 해소

NO	메타버스		발표 이미지
4	비전	비전	디지털 신대륙, 메타버스로 도약하는 대한민국
		목표	글로벌 메타버스 선점 / 메타버스 전문가 양성 / 메타버스 공급기업 육성 / 메타버스 모범사례 발굴 시장점유율 5위 (현 시장점유율 12위(추정)) / 누적 40,000명 / 220개 (매출액 50억원 이상) / 누적 50건 (사회적 가치 서비스 발굴 등)
		전략	1. 신대륙 발견: 세계적 수준의 메타버스 플랫폼에 도전하겠습니다! 2. 신대륙 정착: 메타버스 시대에 활약할 주인공을 키우겠습니다! 3. 신대륙 성장: 메타버스 산업을 주도하는 전문 기업을 육성하겠습니다! 4. 신대륙 번영: 국민이 공감하는 모범적 메타버스 세상을 열겠습니다!
5	10대 플랫폼 과제 예시	생활	주요 도심지를 '디지털 거울세계'로 구현해 가상과 현실의 경험을 연결하고 일상생활을 실현
		관광	관광지, 박물관 등 관광 명소를 실감이 나게 여행하거나 지역 축제를 생생하게 관람하면서 의식주 구매 활동 구현
		문화	초실감 가상 공연, 겸연대회, 대규모 관객과의 양방향 소통 등 예술 활동 및 작품 감상
		교육	가상 교실에서 몰입형 교육, 다자 참여 토론, 사용자의 교육 콘텐츠 제작·거래·활용 지원
		의료	메타버스를 활용한 디지털 치료제, 비대면 그룹 중독치료, 재활 운동 지도
		미디어	움직임·표정 등이 현실과 동기화된 아바타가 진행하는 가상 방송 및 실감형 OTT 서비스
		창작	일반 사용자가 쉽고 편하게 메타버스 서비스를 개발하고, 이를 통해 개발된 결과물의 소유권과 보상체계가 작동하는 가상 세계 구현
		제조	생산 제조공정, 설비의 가상화로 작업효율 최적화, 생산성 향상, 품질 개선, 안전 관리

NO	메타버스		발표 이미지
5	10대 플랫폼 과제 예시	오피스	온라인 사무환경 접속, 화상회의, 자료 공유 등 업무를 수행할 수 있는 실감형 사무환경 제공
		정부	정부·지자체 공공 행정 및 민원서비스, 교육, 사회·복지 등 대국민 서비스
6	주요 기술	XR	현실과 가상(디지털) 세계를 연결하는 인터페이스로, 현실과 가상 세계의 공존을 촉진하고 몰입감 높은 가상융합 공간과 디지털 휴먼 등 구현
		디지털 트윈	가상 세계에 현실 세계를 3D로 복제하고 동기화한 뒤 시뮬레이션·가상 훈련 등을 통해 지식의 확장과 효과적 의사결정 지원
		블록 체인	메타버스 창작물에 대한 저작권 관리, 사용자 신원확인 및 데이터 프라이버시 보호, 콘텐츠 이용 내역 모니터링 및 저작권료 정산 등 지원
		인공 지능	메타버스 내 데이터 및 사용자 경험 학습, 실시간 통·번역, 사용자 감성 인지 및 표현 등을 통해 현실-가상 세계 간 상호작용 촉진
		데이터	실세계 데이터 취득 및 유효성 검증, 데이터 저장·처리·관리 등 수행
		네트 워크	초고속·초저지연 5G/6G 네트워크, 지능형 분산 컴퓨팅(MEC) 등을 통해 대규모 이용자 동시 참여, 실시간 3D·대용량 콘텐츠 서비스 제공
		클라 우드	이용자 요구나 수요 변화에 따라 컴퓨팅 자원을 유연하게 배분
7	메타버스 아카데미 운영(안)		

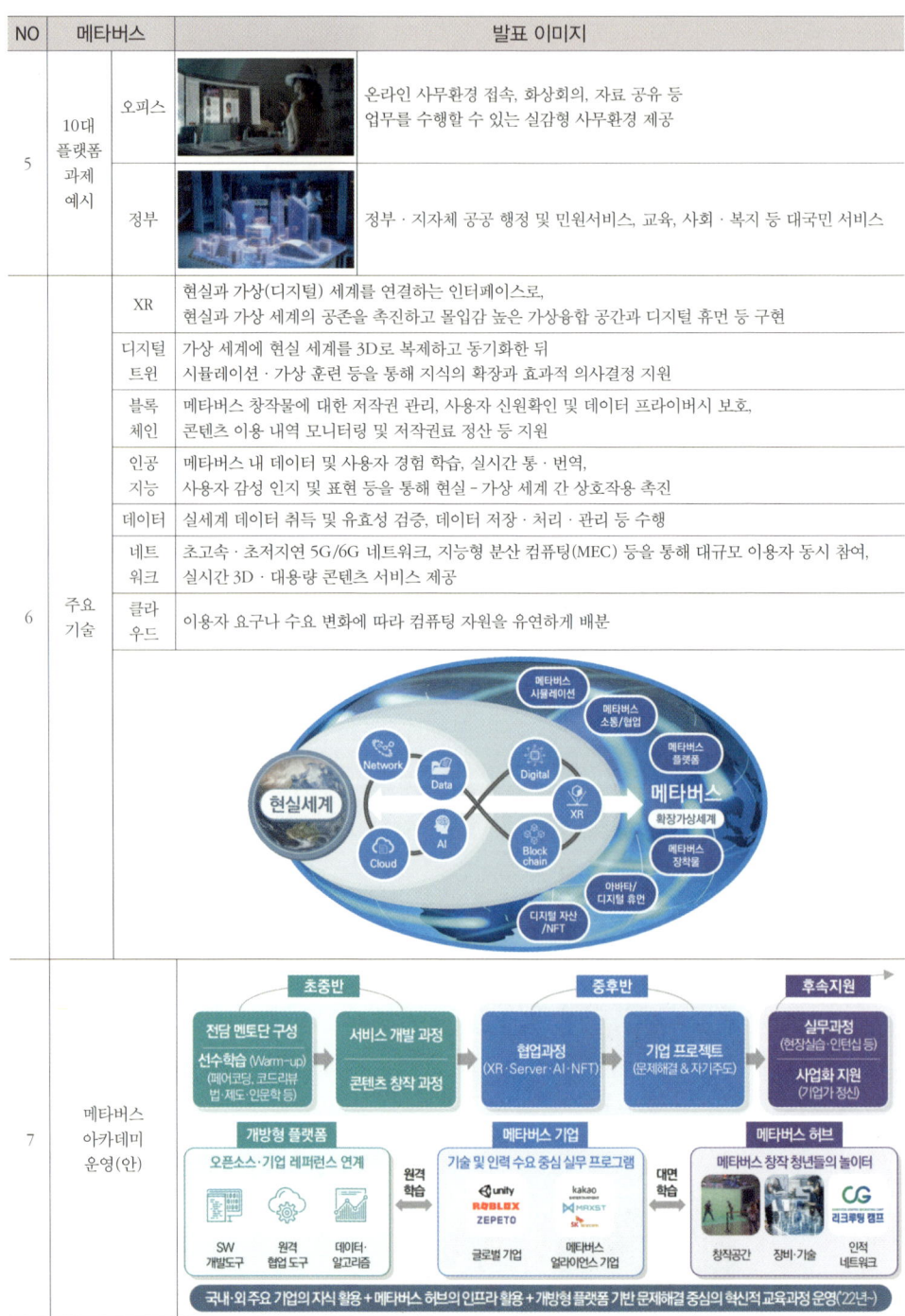

NO	메타버스	발표 이미지
8	기업 육성	❶ 메타버스 기업 성장 인프라 확충 ❷ 메타버스 기업 경쟁력 강화
9	공감 세상	❶ 안전하고 신뢰할 수 있는 메타버스 환경 조성 ❷ 메타버스 공동체 가치 실현
10	시장 동향	**ICT 생태계**: 메타버스 대중화 → 디바이스 보급(수요 증가) → 디스플레이 발전(고화질 수요 촉발) → 컴퓨팅 성능 향상(대용량 콘텐츠 처리) → 네트워크 속도 향상(실시간 콘텐츠 제공, 6G) → ICT 산업 성장 모멘텀 **세대 구분**: · 베이비붐 세대 (1946~1964) 아날로그 중심 / 전쟁후세대, 이념적사고 · X세대 (1965~1980) 디지털 이주민 / 물질주의, 경쟁사회 · 밀레니얼 세대 (1981~1996) 디지털 유목민 / 세계화, 경향주의 · Z세대 (1997~2012) 디지털 네이티브 / 현실주의 윤리중시 **국가 동향**: **[미국]** · 기술·산업·안보 등 미국의 총체적 역량 강화를 위한 혁신경쟁법안(USI-CA) 내 핵심기술 집중 분야에 XR, AI 등 포함('21.6 상원 가결) · 연방정부 행정명령으로 '미국 AI 이니셔티브'를 발표하며 AI에 대한 연구개발과 교육 투자 확대('19.2) · 국가과학기술자문위원회는 디지털 트윈을 미래공장의 핵심요소로 인식하며 제조 경쟁력 강화를 위한 전략 제시('20) · 국방부 산하 고등연구계획국(DARPA)이 주도하는 6G 장기 연구개발에 착수한 이후 주요 우방국과 6G 기술 협력 강화('17~) **[EU]** · 호라이즌 2020 프로젝트의 후속으로 '호라이즌 유럽(Horizon Europe)' 발표, XR, AI, 데이터 등 디지털 기술 활용 장려 및 연구지원('21) · AI와 데이터를 아우르는 디지털 시대 전략으로 유럽 데이터 전략 및 인공지능 백서 발표('20.2) · 7개 회원국(프랑스, 이탈리아, 그리스, 스페인 등) 블록체인 기술의 적극적인 도입을 위한 공동선언문 채택('18.12) **[중국]** · 국민경제/사회발전 14차 5개년 계획과 2035년 장기목표 강령을 통해 XR 산업을 미래 5년의 디지털 경제 중점산업으로 선정('21) · 정부 주도의 중앙 블록체인 서비스 플랫폼 '블록체인 서비스 네트워크(BSN, Blockchain Service Network)' 상용화 시작('20.4) · 2030년까지 AI 분야 세계 선두 수준 도달 및 세계적 AI 혁신 중심지 도약을 목표로 하는 국가전략인 '차세대 AI 발전계획' 발표('17.7) **[한국]** · '한국판 뉴딜2.0 추진계획'을 발표하며 메타버스 등 초연결 신산업 육성을 핵심과제로 추진('21.7) · '가상융합 경제 발전 전략'을 수립하며 경제사회 전반의 XR 활용 확산, 선도형 XR 인프라 확충 및 제도 정비, 기업 경쟁력 확보 지원('20.12) · '데이터·AI경제 활성화 계획'('19.1), 'AI 국가전략'('19.12) 수립으로 AI 혁신 생태계 조성 및 데이터와 인공지능 간 융합 촉진

NO	메타버스	발표 이미지
10	시장 동향 / 기술 동향	

NO	메타버스		발표 이미지
10	시장 동향	미래 모습	(소통) 자신만의 가상 세계에서 3차원 아바타의 모습으로 친구들과 만나 게임을 하거나 파티를 여는 등 사회관계 형성
			(공연) 원격지 친구들과 함께 실시간 공연을 관람하고 반응형 3차원 디지털 상품 창작·거래
			(교육) 장소와 시대를 넘나드는 가상 공간에 들어가 3차원 몰입형 콘텐츠 교재를 활용한 교육, 공동 실습 진행
			(쇼핑) 디지털 트윈 기반 가상 공간에서 신발·의류 착장 상태, 가구 배치 등을 원격지 가족들과 함께 확인 후 실물 상품구매
			(관광) 원격지 친구들과 디지털 트윈으로 만들어진 세계 유명 관광지를 함께 관광·축제 체험
			(게임, 스포츠) 원격지 친구, 트레이너 등을 실물처럼 재현한 공간에 초대해 상호작용하며 운동·훈련
			(오피스) 몰입형 가상 근무 공간에 들어가서 장소에 구애받지 않고 원활한 업무 수행
			(협업) 가상과 현실 융합 공간에서 상대방과 자료 공유 및 원격 공동작업, AI 기반 아바타로 언어의 장벽을 넘은 협업 수행
			※ 메타 커넥트 2021('21.10), MS이그나이트 2021('21.11) 등을 참고하여 정리
11	추진 전략	생태계 활성화	

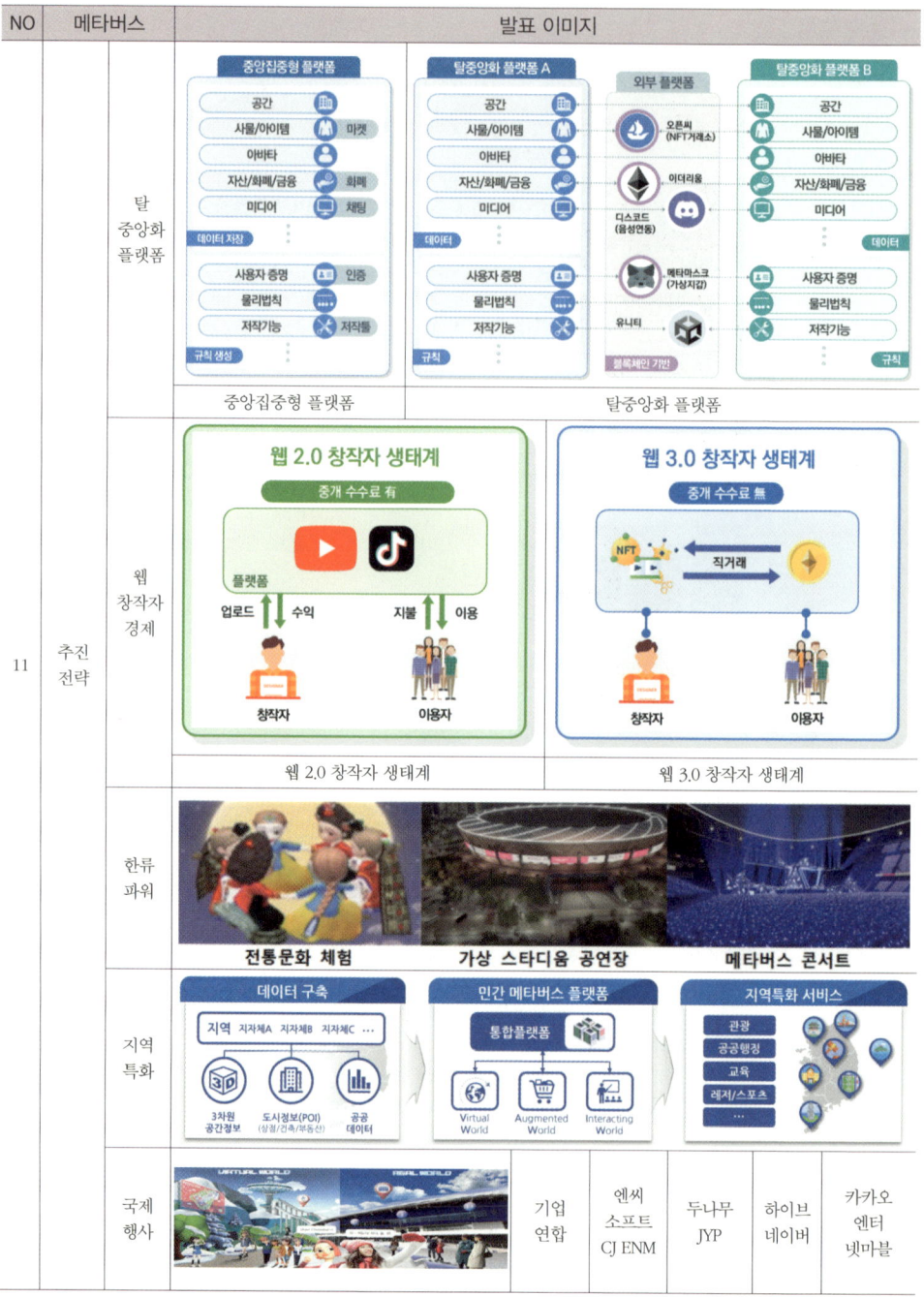

NO	메타버스	발표 이미지			
11	추진 전략	노마드 업무 환경			
			(사례1) 남해군 '양아 바다 힐링센터'	(사례2) 제주도 '제주힐링 오피스'	
			국내 디지털 노마드 공간 제공 사례		
		리모트 워크	충청남도 서천 '일하면서 한 달 살기'	전라남도 영암 '기가마을'	강원도 강릉시 '일로 오션'	제주 서귀포시 '서귀포 한 달 살기'
		창작자 해커톤	사전교육 ■ IP활용 전략 교육 ■ 기술 멘토링	메타버스 해커톤 ■ 메타버스 아이디어 경진대회 개최 ■ 우수팀 선정	전문가 멘토링 ■ 아이디어 고도화 ■ 기술 컨설팅	홍보지원 ■ IR 피칭, 네트워킹 등 홍보지원
		메타 버스 허브	메타버스 허브 주요 기능 및 운영 체계			
		메타 버스 특화 시설	[실감콘텐츠] 상설전시, 홍보, 제작 인프라 (K - 실감 스튜디오 등)			
			[디바이스] 완제품 디바이스 상용화를 위한 기술 지원			
			[소·부·장] XR 소재·부품·장비 관련 기업 품질향상 지원			
			[홀로그램] 홀로그램 전용 콘텐츠 제작 지원			
			[보안] 실감콘텐츠 보안 점검 환경 지원			

NO	메타버스	발표 이미지
11	추진 전략	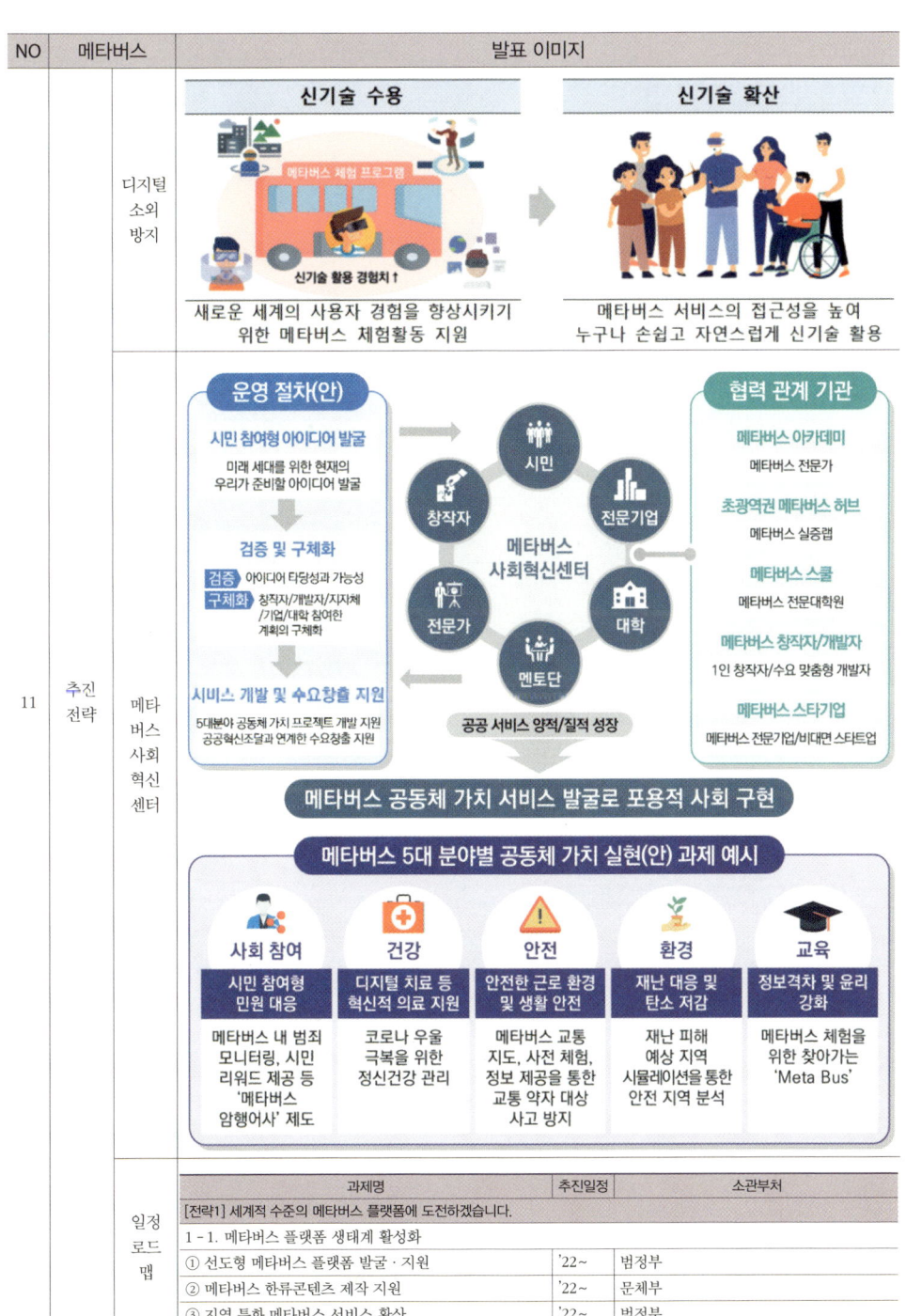

NO	메타버스		발표 이미지		
11	추진 전략	일정 로드 맵	④ 국제 행사 메타버스 활용	'22~	과기정통부
			⑤ 메타버스 디바이스 혁신 가속화	'22~	과기정통부, 산업부
			1-2. 메타버스 플랫폼 성장 기반 조성		
			① 메타버스 기술 경쟁력 확보	'22~	과기정통부, 문체부
			② 디지털 창작물의 안전한 생산·유통 지원	'22~	과기정통부
			③ 메타버스 데이터 구축·개방	'22~	범정부
			[전략2] 메타버스 시대에 활약할 주인공을 키우겠습니다.		
			2-1. 메타버스 인재 양성		
			① 융합형 고급 인재 양성	'22~	과기정통부, 교육부
			② 실무형 전문 인력 양성	'22~	과기정통부
			③ 메타버스 창작자 성장 지원	'22~	과기정통부, 문체부
			2-2. 메타버스 활용 저변 확대		
			① 디지털 노마드 인프라 지원	'22~	과기정통부, 행안부
			② 메타버스 인식 확산 및 성과 공유	'22~	범정부
			③ 메타버스 개발·창작 경진대회	'22~	과기정통부, 문체부
			[전략3] 메타버스 산업을 주도하는 전문 기업을 육성하겠습니다.		
			3-1. 메타버스 기업 성장 인프라 확충		
			① 메타버스 통합지원 거점 구축	'22~	과기정통부
			② 메타버스 특화 시설 연계 지원	'22~	과기정통부
			3-2. 메타버스 기업 경쟁력 강화		
			① 메타버스 스타기업 육성	'22~	중기부, 과기정통부
			② 메타버스 펀드 투자 활성화	'22~	중기부, 금융위, 과기정통부
			③ 메타버스 기업의 글로벌 교류 촉진	'22~	중기부, 과기정통부
			[전략4] 국민이 공감하는 모범적인 메타버스 세상을 열겠습니다.		
			4-1. 안전하고 신뢰할 수 있는 메타버스 환경 조성		
			① 메타버스 윤리 정립	'22~	범정부(과기정통부, 방통위, 공정위 등)
			② 메타버스 시대 법제도 정비	'22~	범정부(과기정통부, 문체부, 개인 정보위 등)
			③ 중장기 정책방향 제시 및 국제협력 선도	'22~	범정부
			4-2. 메타버스 공동체 가치 실현		
			① 시민 참여형 사회 혁신 지원	'22~	과기정통부
			② 디지털 포용 사회 구현 뒷받침	'22~	과기정통부, 교육부, 방통위
			'22년 추진 과제 총 예산		5,560억원 (펀드 조성 예산 제외)

디지털 뉴딜 사업 분석

기업이나 기관의 경쟁력 강화를 위한 기존 연구들은 기관의 경쟁력 강화 및 구조 조정, 4차 산업혁명 시대와 포스트코로나 시대의 대비, 정부 지원 사업과 기술 사업화 추진 등으로 구분할 수 있다. 메타버스 관점에서 분류하여 보면 메타버스와 법·제도, 플랫폼과 융합기술 분류, 가상 서비스 분류와 실증 환경, 마케팅과 NFT 등으로 범주화할 수 있다. 기관의 경쟁력 강화, 구조 조정 카테고리의 기존 연구들은 자율과 책임, 연구력 강화, 외국인 유치 전략, 구조 조정 전략을 경쟁력 강화 전략으로 주로 제시하고 있다. 즉 이들 카테고리의 선행 연구들은 일반적인 교육 체계의 개선이나 학술적 접근 등이 주요 내용이다.

코로나19로 인한 디지털 전환, 인구의 감소 등 사회·경제의 변화로 인한 교육기관이나 대학의 재정이나 경영 환경 악화에 대한 대안 등에 관련된 연구는 부족한 것으로 확인된다. 4차 산업혁명 시대와 포스트코로나 시대에 대비하여 기존 연구들은 정부·사회와의 유기적 연계를 통한 성과 창출, 유학생 관리, 블렌디드 러닝blended learning, 교양 교육 개선 등 과정 혁신을 4차 산업혁명과 포스트코로나 시대 주요 대비책으로 제시한다. 그러나 4차 산업혁명 시대와 포스트코로나 시대에 도래할 변화에 적극적으로 대응하기 위해서는 기관의 재정위기에 대한 대안, 차별적 경쟁력 확보, 지속가능성 등에 대한 현장 체감형 연구가 필요하다.

새로운 변화에 대응하고 메타버스 등 미래 산업에 투자하고자 하는 기업들이 역량을 어떻게 마련해야 하는지도 점검할 필요가 있다. 한국판 뉴딜이라고 불리는 주요 정책을 둘러보고서 기업이나 기관의 경쟁력에 도움이 될 수 있도록 정부 지원 정책을 표9-3과 같이 정리하였다.

표9-3에서 분석한 것처럼 디지털 뉴딜이란, 코로나19가 불러온 경제위기 극복, 대한민국의 새로운 미래 설계라는 목표로 정부가 지난 2020년 7월 발표한 것으로 한국판 뉴딜 종합계획의 한 축을 담당하고 있다. 정부의 디지털 뉴딜 정책은 코로나19로 인한 경제위기를 극복하기 위한 D(Data). N(Network). A(AI) 기반의 대한민국 회복전략이자 코로나19로 인해 온라인 소비, 원격 근무 등 비대면 문화의 확산으로 디지털 역량이 국가 경쟁력의 핵심 요소로 부각함에 따라 우리의 강점인 ICT를 전 산업 분야에 융합함으로써 경제위기를 극복하고 새로운 일자리를 창

표9-3 디지털 뉴딜 사업의 세부 개요96

분류	세부 사업명	지원 분야	지원 대상	사업 특징
D.N.A. 생태계 강화 분야				
데이터 구축 개발 활용	인공지능 학습용 데이터 구축	◎	❖◆◐◪	AI HUB에 무료 공개
	바우처 지원(AI, 데이터, 클라우드)	◇	❖◆◐◪	공급-수요기관 연계
	빅데이터 플랫폼 및 센터 구축	◎◇	❖◆◐◪	플랫폼 10개, 센터 100개
	국가 중점 데이터 개방	◎◆	❖◆◐◪	공공데이터 포털 개방
	공공데이터 개방	◎◆	❖◆◐◪	25개 분야 공공데이터
	공공데이터 청년 인턴	△	◪	인턴 모집·교육·지원(NIA)
	범부처 협의	○	◪	데이터 구축·개발·활용
	통합 플랫폼 구축	○◇◎	❖◆◐◪	700공공기관 국가데이터맵
5G AI 융합 확산	공공향유형 실감콘텐츠 제작 지원	☆●◇	❖◆◐◪	체험관 조성·콘텐츠 제작
	XR 공공 및 산업 현장 솔루션 개발	☆●◇	❖◆◐◪	제조·교육·의료 XR 융합
	자율주행 차량	★☆◎◇	❖◆◐◪	미래 수송 분야 육성
	자율운항 선박	★☆◎◇	❖◆◐◪	미래 수송 분야 육성
	스마트 공장 보급 및 확산	●◇■	❖◆◐◪	스마트 팩토리 보급 확산
	업종 분야별 선도형 스마트공장	●◇■	❖◆◐◪	스타 스마트 제조 육성
	스마트 건설 기술 안전대전	■	❖◆◐◪	건설 분야 기술 안전
	스마트건설 경연대회	■	❖◆◐◪	건설 분야 경연대회
	스마트건설 지원센터 제2센터	■	❖◆◐◪	건설 분야 지원센터
	스마트건설 지원센터 입주기업	■	❖◆◐◪	건설 분야 입주기업
	자펀드 결성	☆●◎◇★■	❖◆◐◪	정부 모펀드/민간 자펀드
	비대면 및 디지털 우대보증 지원	☆●◎◇★■	◐◪	디지털 경제로의 대전환
	비대면 유망 창업기업 선발 지원	☆●◎◇★○	◐◪	12개부처 공동 400개육성
지능형 정부 구현	모바일 공무원증	☆●◇○	❖◆◐◪	2021년 도입 후 성과체크
	모바일 운전면허증	☆●◇○	❖◆◐◪	2022년 도입 예정
	모바일 신분증 확산	☆●◇○	❖◆◐◪	자기주권 신원증명 제도
	국민비서 서비스	☆●◇○	❖◆◐◪	2021년 도입 후 성과체크
K-사이버 방역	양자암호통신 시범인프라 확보	☆●◇○	❖◆◐◪	국가 간 패권기술로 부상
	정보보호 종합컨설팅 도입 지원	☆●◇○	❖◆◐◪	데이터 시대의 기반 기술
	시스템(SW) 안전 진단	☆◇○	❖◆◐◪	데이터 시대의 안전 기술
교육 인프라 디지털 전환 분야				
교육 인프라	초중고 맞춤형 교수학습 통합 플랫폼	☆◇■	❖◆◐◪	K-에듀 통합 플랫폼 구축
	에듀테크 산업 활성화	◇■	❖◆◐◪	포스트코로나 교육 혁신
온라인 교육	차세대 K-MOOC 플랫폼 구축	☆●◇■	❖◆◐◪	K-에듀 온라인플랫폼 구축
	K-MOOC 우수 콘텐츠 확대	●◇■	❖◆◐◪	K-에듀 콘텐츠 구축 확대
	STEP 고도화	●◇■	❖◆◐◪	스마트직업 훈련 플랫폼
온라인 교육	STEP LMS(온라인 강의실) 분양	●◇■	❖◆◐◪	직업 훈련 LMS 플랫폼
	공공 민간 온라인 훈련 STEP마켓	●◇■	❖◆◐◪	스마트직업 훈련 확대 운용

분류	세부 사업명	지원 분야	지원 대상	사업 특징
	D.N.A. 생태계 강화 분야			
	비대면 산업 육성 분야			
스마트 의료	스마트 병원 구축지원	●☆◇	◈◆◒◪	스마트 선도병원 및 센터
	12개 질환별 AI 정밀의료 솔루션	☆◎◇	◈◆◒◪	인공지능 의료질환 플랫폼
	어르신 비대면 건강관리 서비스	☆◎◇	◈◆◒◪	AI활용 재택관리 서비스
	어르신 친화형 AI·IoT 기반 건강관리 서비스 모델 구축	☆◎◇	◈◆◒◪	AI·IoT기술 활용한 건강관리 시범 사업 구축
	양로, 장애인 시설 IoT 기기 설치	☆◎◇	◈◆◒◪	디지털돌봄 시범 사업도입
	디지털돌봄 통합 플랫폼 구축	☆◎◇	◈◆◒◪	디지털돌봄 통합 플랫폼
원격 근무	비대면 서비스 지원을 통한 원격 근무 확산	●☆◎◇	◈◆◒◪	비대면 서비스 바우처 외
	공동 활용 화상회의실 구축	●☆◎◇	◈◆◒◪	온라인 공동 활용 화상회의
소상공인	소상공인 온라인 판로지원	●☆◎◇△	◈◆◒◪	비대면 팬데믹 지원 사업
	스마트 상점 보급	●☆◎◇△	◈◆◒◪	IoT, 메타버스 신기술 도입
	스마트 공방 보급	●☆◎◇△	◈◆◒◪	소공인의 디지털계량 사업
	SOC 디지털화 분야			
디지털 관리 체계	C-ITS 구축	☆◇★	◈◆◒◪	차세대 지능형 교통체계
	철도통합무선망(LTE-R) 구축	☆◇	◈◆◒◪	철도통합체계 2027년구축
	전기설비 IoT 구축	☆◇	◈◆◒◪	사물인터넷기반 전기 안전
	영업별차 차상검측 시스템 구축	☆◇	◈◆◒◪	철도신호설비 검측자동화
	15개공항 비대면 생체인식 시스템	☆◎◇	◈◆◒◪	통합체계 2022년 시범 구축
	국가하천 배수시설 자동화·원격화	☆◇	◈◆◒◪	국가하천 수문·통문 제어
	국가하천 실시간 모니터링 체계	☆◇	◈◆◒◪	2021년부터 구축 추진
	스마트 어항 유지관리 체계 구축	☆◇	◈◆◒◪	ICT, IoT 활용 원격 점검
	항만 디지털 플랫폼 구축	●☆◇	◈◆◒◪	선도물류 2025년 구축
	스마트 댐 안전관리 체계 구축	☆◎◇	◈◆◒◪	드론/AI/가상 공간 기반 구축
	전국 3D 지도 구축	☆◇	◈◆◒◪	디지털 트윈 2022년 구축
	정밀 도로지도 구축	☆◇	◈◆◒◪	2022년 2만Km 구축
	지하공간 통합지도 구축	☆◇	◈◆◒◪	지하정보 통합체계 구축
	재해위험지역 재난대응 조기경보시스템 구축	☆◇	◈◆◒◪	자연재해 위험지역 사전 감지 체계 구축
도시 산단 디지털 혁신	스마트시티 통합 플랫폼 보급	●☆◇	◈◆◒◪	2020년 지자체 29곳 완료
	스마트시티 솔루션 확산	●☆◇	◈◆◒◪	스마트챌린지 사업 확산
	스마트시티 국가 시범도시 구축	●☆◇	◈◆◒◪	서비스 선도지구 조성
	스마트그린 산단 통합관제 구축	●☆◇	◈◆◒◪	제조혁신 인프라 구축
	스마트그린 산단 물류 지원 공유 플랫폼 확충	●☆◇	◈◆◒◪	산단별 주력 산업 공유 물류 체계 플랫폼 구축
	유해화학물질 유·누출 원격 모니터링 시스템 구축	●☆◇	◈◆◒◪	여수산단 시범 사업 추진

분류	세부 사업명	지원 분야	지원 대상	사업 특징
D.N.A. 생태계 강화 분야				
물류 체계	스마트 물류센터 조성 지원	☆◇	◆◆◯◼	물류혁신, 노후기지 재생
	스마트공동물류센터 건립 지원	☆◇	◆◆◯◼	부산항, 인천항 공동물류
	스마트 공동 물류센터 구축	☆◇	◆◆◯◼	도심 공공 유휴부지 활용
	스마트 항만 인력 양성	☆◇△	◆◆◯◼	한국항만연수원 사업자
	국가 무역항 블록체인 플랫폼	☆◇	◆◆◯◼	29개 무역항/3개 국가어항
	농산물 온라인 거래소	☆◇	◆◆◯◼	농협 산지공판시스템 기반
	공공급식 플랫폼	☆◇	◆◆◯◼	공공급식 전자조달시스템
	축산물도매시장 온라인경매플랫폼	●☆◇	◆◆◯◼	비대면/전염병대응;비용↓
디지털 격차	디지털 배움터 운영	●☆◇	◆◆◯◼	전국민 디지털 교육 혜택
	디지털 강사·서포터즈 채용	●☆◇△	◆◆◯◼	디지털 배움터 교수자

(지원 구분) ●디지털 전환 ☆ICT ◎인공지능·데이터 ◇인프라, 플랫폼 ◆오픈소스 △일자리
○범부처 공동 ★자율주행·바이오 ◼기타(건설·네트워크협업·교육 지원 등)

(지원 대상) ●대학 ◆R&D 전담기관 ◯기업 ◼기타

출하는 국가 디지털 대전환 프로젝트다.

정부는 디지털 뉴딜로 2020년 추경부터 2022년까지 총 23.4조 원(국비 18.6조 원), 2025년까지 58.2조 원(국비 44.8조 원)을 투자하여 2022년까지 39만 개, 2025년까지 90.3만 개의 일자리를 창출하겠다는 청사진을 발표하였다.

세계경제포럼은 2020년 디지털 기반 플랫폼 기업이 앞으로 10년간 글로벌 GDP 중 신규 부가가치의 70%를 창출할 것으로 전망하고 있다. 정부는 이렇게 변화하는 환경 속에서 한국이 글로벌 경쟁력을 확보하기 위해서는 디지털 분야에 대한 대규모 투자가 꼭 필요하다고 생각하고 있다. 2021년 2월 22일에 과학기술정보통신부가 발표한 디지털 뉴딜 로드맵에 따르면, 디지털 뉴딜은 개괄적으로 4대 분야 12개 추진 과제로 구성된다.

〈D.N.A. 생태계 강화 분야는 추진 과제로 4가지 항목이 제시되고 있다.〉

① 데이터 구축·개방·활용

② 5G · AI 융합 확산

③ 5G · AI 기반 지능형(AI) 정부 구현

④ K – 사이버 방역 체계

〈교육 인프라 디지털 전환 분야는 추진 과제로 2가지 항목이 제시되고 있다.〉

⑤ 초중고 디지털 기반 교육 인프라 조성

⑥ 전국 대학, 직업 훈련기관 온라인 교육 강화

〈비대면 산업 육성 분야는 추진 과제로 3가지 항목이 제시되고 있다.〉

⑦ 스마트 의료 · 돌봄 인프라

⑧ 중소기업 원격 근무 확산

⑨ 소상공인 온라인 비즈니스 지원

〈SOC 디지털화 분야는 추진 과제로 3가지 항목이 제시되고 있다.〉

⑩ 4대 분야 핵심인프라 디지털 관리체계 구축

⑪ 도시 · 산단 공간 디지털 혁신

⑫ 스마트 물류체계 구축이 추진 과제로 제시되고 있다.

위에 제시된 4대 분야에 대한 구체적인 사업이 하위 추진체계에 의해서 구분되고 제시되고 있다. 예를 들면 데이터 구축·개방·활용의 추진 사업에 해당하는 데이터 댐 사업에서는 AI 학습용 데이터 증가, AI 바우처voucher 증가, 데이터 바우처 증가, 클라우드 이용 바우처 증가, 빅데이터 플랫폼 증가, 빅데이터 센터 증가 등이 있다. 데이터 댐 사업을 통한 일자리 창출을 목표로 인공지능 학습용 데이터 구축, 바우처 지원, 빅데이터 플랫폼 및 센터 구축을 세부 사업으로 제시하고 있다.

실제 2021년 2월 16일 시행된 2021 디지털 뉴딜 사업 설명회에서

표9-4 디지털 뉴딜 사업별 운영 기관 개요[97]
-DNA 생태계 강화, 비대면 산업 육성, 교육 인프라 디지털 전환, SOC디지털화

분야	사업명	담당 기관	담당부처
D.N.A. 생태계 강화	빅데이터 플랫폼 및 네트워크 구축	한국지능정보사회진흥원	과기정통부
	인공지능 학습용 데이터 구축		
	5G 융합 서비스 발굴 및 공공 선도 적용		
	데이터 기업 매칭 지원 사업		행안부
	차세대 지능형 반도체기술 개발(설계, 제조)	한국산업기술평가관리원	산업부
	국가 표준 기술 개발 및 보급		
	ICT융합 스마트공장 보급 확산	스마트 제조혁신추진단(중기부)	
	스마트 항만 - 자율운항 선박연계 기술 개발(R&D)	해양수산과학기술진흥원	해수부
	수산물 시설, 유통 스마트 기술 개발(R&D)		
	온라인 실감형 K-pop 공연 지원	한국콘텐츠진흥원	문체부
	게임 제작 지원		
	실감형 콘텐츠 제작 지원		
	가상 현실 스포츠실 보급	국민체육진흥공단	
	2021년 문화유산 원형기록 통합DB 구축	문화재청	
교육 인프라 및 비대면 산업	한국형 온라인 공개 강좌(K-MOOC)	국가평생 교육진흥원	교육부
	매치업		
	AI·IoT 기반 어르신 건강관리 시범 사업	복지부	
	부처 전주기 의료기기 연구개발 (융합 의료기기 개발)	범부처 전주기 의료기기 연구개발 사업단	복지부
	스마트공방 기술 보급	소상공인시장진흥공단	중기부
	비대면 서비스 바우처 지원 사업	창업진흥원	
SOC 디지털화	첨단 도로 교통체계	국토교통부	
	산업단지 환경 조성 (공정혁신 시뮬레이션센터)	한국산업단지공단	산업부
	5G 기반 디지털 트윈 공공 선도	정보통신산업진흥원	과기정통부

 2021년 각 기관과 부처가 주관하여 시행되는 사업 종류와 내용이 제시되었다. 정리된 표는 위와 같으며, 실제 빅데이터 플랫폼 및 네트워크 구

축, 인공지능 학습용 데이터 구축 등의 사업이 2021년 한국지능정보사회진흥원과 과기정통부의 주도 하에 실시되고 있음을 확인할 수 있다. 미래 산업을 추진하는 각 기업과 기관은 국가 전략과 효율적으로 연계하여 미래 산업에 대한 경쟁력을 확보하는 방안을 찾을 필요가 있다(표9-4).

디지털 뉴딜 사업의 분석과 범주화를 통하여 정부 정책을 개괄하는 이유는 많은 기업과 기관들이 정부 정책을 이해하고 참여함으로써, 정부와 민간이 미래 산업의 경쟁력을 확보하는 데 효율적인 협력관계를 구축함에 있다. 기업과 기관이 정부 정책과 효과적으로 연계하고 정책의 실효성 제고와 파급효과가 증대되는 선순환 효과를 낳기 위해서는, 특히 혁신 생태계를 주도하는 스타트업들이 유연하게 준비하고 참가할 수 있는 현장 체감형 사업 진행이 필요하다.

이에 대한 해법으로 다양하게 편재되어있는 디지털 뉴딜 사업 관련 정부 지원 사업을 살펴보고, 유형별 지원 분야와 대상, 주관 부처와 관리기관 등을 정리하여 기업과 기관의 연구자와 담당자들이 체감적으로 알기 쉽고 이를 파악할 수 있도록 도표화하여 요약하였다. 또한 사전적으로 디지털 뉴딜 사업 자금 지원 가능성을 확인할 수 있는 세부 개요를 제시하였으며, 마지막으로 개방형 혁신과 관련하여 정부 사업 지원 전략을 기업 경영과 관련지어 현실적인 시사점을 제공하고자 한다.

다수의 기업과 기관들은 디지털 뉴딜과 같은 새로운 제도의 정부 사업 자금의 지원자 자격 조건의 유연함 등과 같은 현황을 파악하기조차 어려운 상황이다. 정부 정책을 정리한 내용을 활용하여 제시한 표의 디지털 뉴딜 사업 세부 개요 분석에서 각 기업과 기관이 특화된 과제를 찾아 참조하면 쉽게 기업이 원하는 정부 지원 사업을 찾아내고 지원할 수 있다. 정부는 중앙 부처별, 주요 추진 전략과 예산 현황을 매년 초에 공개하고 있으며, 장기적인 디지털 뉴딜 사업 로드맵과 중점 사업에 대한 트렌드를 제시하고 있어 정부 정책에 참여하고자 하는 경우 연구 계획의 실마리를 얻을 수 있다. 기업과 기관은 정부 사업 참가를 통하여 경쟁력을 확보하고 새로운 재원을 창출할 수 있다는 점에서 지속가능한 경영에도 도움이 될 수 있다.

10장

메타버스, 디지털 세계의 미래

우리의 일을 시장의 힘에 맡기는 것이 위험한
이유는 그 힘들이 인류나 세계에 유익한 일을
하기보다는 시장에 유익한 일을 하기 때문이다.
(유발 하라리, 『호모데우스』 중)

1. 메타버스의 방향

우리는 거대한 변화라는 격랑의 바다 한가운데 있다. 어제의 지식이 오늘은 쓸모없어질 수도 있는 변화와 속도의 시대다. 메타버스는 현실 세계에 어떤 영향을 미치고 있고, 지금 우리는 무엇을 준비해야 하는지에 대한 고민을 던지고 있다. 기술 발전으로 통신 인프라와 네트워크의 확장, AR, VR 등 다양한 기기 대중화의 시작, 새로운 세계에 대한 콘텐츠 등이 융합되면서 메타버스가 시작되고 있다. 아직은 초기 단계지만 점차 그 속도가 빨라질 것이다.

머지않아 나의 새로운 분신(아바타)이 디지털 세계에서 현실에서처럼 활동해 나갈 것이다. 디바이스도 초소형으로 발전하고 기능도 AR, VR 등을 포함하는 통합 기기로 자연스럽게 발전하여 신체 일부분이 될 것으로 전망된다. 메타버스가 본격화되면 언제, 어디서나 자신을 표현하고 나타낼 수 있다. 언어의 장벽도 넘어설 것이다. 시간과 공간을 극복하는 새로운 세계가 디지털을 통하여 실현된다.

메타버스의 도래는 생활의 모든 부분에 가상의 세계를 통하여 사전에 모든 부분을 경험함으로써 수많은 시행착오를 줄일 수 있다. 물건을 사러 공간을 이동할 필요도 없다. 현실과 똑같은 가상 공간에서 해결하면 된다. 남아있는 시간을 좀 더 창의적인 일에 소비할 수 있다.

기업의 메타버스 활용은 경쟁력 확보를 넘어서 지속가능성을 시험하게 할 것이다. 메타버스는 기존에 겪은 수많은 시행착오의 경험을 단기간 내에 해결할 수 있으며, 멀리 떨어진 해외 공장도 실시간으로 관리할 수 있게 한다.

스타트업에게는 새로운 사업의 기회가 열린다. 메타버스 관련 디바이스 개발에 대한 참여 기회도 많아지고, 메타버스를 활용한 새로운 시장을 창출할 수도 있다. 디지털 세계에 아직은 미개척지가 많기 때문이다. 1인 창업도 활성화되고, 디지털 세계를 만들어나가는 수많은 크리에이터가 생겨난다.

메타버스는 지역과 국가를 넘어서 공간을 공유한다는 점에서 중소기업의 글로벌 진출에 새로운 디딤돌이 될 수 있다. 글로벌 상거래의 규모도 확대되고, 중소·중견기업이 새로운 영역을 찾기 위한 메타버스 글로벌 유통 플랫폼 구축은 새로운 기회가 된다. 이를 위해서는 IT와 물류 인프라, 다양한 콘텐츠의 융합이 필수적이기 때문에 중소기업 간 연대와 협력은 필수적이다.

메타버스 시대에 디지털 격차는 사회의 불평등으로 연결되기 때문에 디지털 리터러시의 중요성은 커진다. 메타버스를 활용한 교육의 패러다임 전환이 필요하다. 기존 화폐와 신뢰의 충돌이 발생하고 있는 가상자산에 대한 사회적 합의도 필요하다.

디지털 세계는 이제 우리에게 새로운 희망과 도전의 장소가 되고 있다. 메타버스를 둘러싼 글로벌 경제 전쟁도 시작됐다. 이제 우리는 준비를 서둘러야 하고, 방향성에 대한 치열한 사회적 논의가 필요하다. 눈앞에 다가오는 새로운 세계가 우리의 삶을 한층 더 풍부하게 하고, 사회의 양극화를 해소할 수 있는 사회 공동체로 나아가길 기대한다.

2. 디지털 세계의 도전

사회학자인 제레미 리프킨Jeremy Rifkin은 "독일 철학자 헤겔Georg Wilhelm Friedrich Hegel은 우리 존재의 부속물 역할을 재산이 떠맡을 수 있다는 사실을 처음 깨달은 사람 중의 하나다. 사람은 자기가 누구라는 것을 재산으로 확인하고 또한 표현한다고 헤겔은 믿었다. 사람의 인격은 소유되는 대상 안에 늘 나타나기 때문에 재산은 인격의 연장선상에 놓인다. 사람들은 어떤 사람이 소유한 것을 통해서 그 사람의 인격을 알고 확인하게 된다"98라고 사람의 소유권에 대한 집착을 헤겔을 통하여 표현했다.

인터넷은 처음에 공유에서 출발했다. Ctrl+C, Ctrl+V를 통해서 쉽게 복사하고 사용할 수 있었다. 인터넷은 누구에게나 열려있는 공간이었다. 인간의 소유에 대한 자부심이 인터넷상에서 등장하고서 이를 상업화하면서 특정 집단에 소유되는 영역이 확대되고 있다. NFT도 그 중 하나다. 공유에서 소유로 많은 부분이 전환되는 순간 인터넷의 원래 가치를 잃어버릴 수도 있다. 디지털 세계에서 공유와 소유의 문제에 대한 담론이 필요한 이유다.

새로운 놀이 문화인 메타버스

메타버스는 게임인가라는 문제로 논의를 한 적이 있다. 게임이 현실을 외면하고 괴리되면서 게임중독으로 인한 많은 문제가 발생하고 있어서 게임에 대한 규제의 목소리가 작지 않다. 그러나 인간은 놀이와 게임을 통하여 문화를 형성하여 왔다.

조지프 캠벨Joseph Campbell에 따르면 신화의 영역은 신들과 악마들의 세계이며, 그들의 가면이 등장하는 축제의 장이다. 신화의 게임 속에 살아 있는 신화의 축제는 모든 시간의 법칙을 폐기한다, 따라서 그 게임 속에서는 죽은 자가 다시 살아나고 "아득한 옛날"이 곧바로 현재가 된다.99 사람들은 디지털 속에서 다양한 페르소나(가면)persona를 만들어낸다. 오늘날의 게임은 먼 옛날 신화를 디지털 세계로 끌어들였다.

요한 하이징아Johan Huizinga가 놀이하는 인간인 호모 루덴스Homo Ludens에서 말한 것처럼 놀이는 문화의 한 부분이다.* 놀이는 진지함과

---

* 요한 하위징아(Johan Huizinga)는 1938년 출간한 『호모 루덴스』(놀이하는 인간)에서 호모 사피엔스(생각하는 인류), 호모 파베르(물건을 만들어 내는 인류)와 함께 인류

는 거리가 멀다. 놀이는 어린이와 같은 유치함이 포함되어 있다. 오징어 게임도 이러한 놀이의 원형을 반영하여 공감을 얻었다고 볼 수 있다. 놀이가 진지해지고 사행성이 덧붙이게 되면 놀이로서의 가치를 많은 부분 상실하게 된다. 게임도 마찬가지다. 그 경계는 분명하지 않다. 우리 시대에 우리의 가치를 반영한 놀이의 문화를 형성하는 것은 우리의 몫이다. 법보다 사회적으로 자율적인 규제가 우선이다.

중독 현상은 게임에만 있는 것이 아니라, 일반적인 사회의 병리적 현상이라 볼 수 있다. 인간은 근대 산업자본주의로 들어오면서 노동과 일은 괴로움이 되었다. 노동운동은 괴로운 노동시간을 줄이기 위한 노력이었다. 삶을 위한 수단으로 전락한 노동의 괴로움은 노동 후 주어지는 짧은 시간을 즐기기 위한 쾌락의 추구로 나타난다. 극과 극은 통하는 법이다. 많은 현대인이 즐기고 노는 방법을 잃어버렸기 때문이다.

게임 문제는 중독의 문제가 아닌 우리 사회 전체가 다양한 놀이의 문화를 생산하고 그렇게 할 수 있는 환경과 교육의 문제로 접근해야 한다. 게임은 "문제가 많다"라고 접근하면 해결되지 않는다. 새로운 유형의 놀이 문화가 메타버스 플랫폼 안에서 이루어질 것이다. 그 생태계를 현실 세계와 연결하여 사회에 긍정적 효과를 만들 수 있도록 노력하는 것이 필요하고, 규제를 위하여 게임 논의를 하는 것은 의미가 없다.

질주하는 빅테크 기업

빅테크 기업들의 플랫폼 세계의 확장에는 우려와 부정적 이미지도 존재한다. 지금까지 빅테크들은 플랫폼 비즈니스를 통하여 막대한 부富를 창출하여 왔다. 플랫폼 비즈니스는 고객이 선락 수립에서 정보 제공(마이데이터)에 이르기까지 충성스러운 고객이 없으면 지속하기 어렵다.

의 특성을 표현하는 새로운 관점을 제시했다.

그런 면에서 빅테크에 일방적으로 유리한 수익 구조도 이젠 변해야 한다. 플랫폼 비즈니스에서 창출되는 이익을 일정 정도 고객과 공유하는 수익배분 원칙을 만들어나가는 것도 필요하다. 우리는 메타(페이스북)를 얼마나 소비하는지, 유튜브 광고를 몇 시간 보는지는 결국 빅테크 기업들의 수익과 직결된다. 빅테크 기업들은 무료로 서비스와 편의성을 제공하기 때문에 당연하다고 말하지만, 고객이 또 다른 노동을 통하여 가치가 창출되고 있다는 관점도 필요하다.

지금도 빅테크 기업들은 자유, 개방, 지구적 공동체의 깃발을 들어올리고 있지만 실제로 그런지는 의심스럽다. 빅테크들은 글로벌 네트워크의 가장 중요한 허브, 중앙 광장을 계속 유지하고 위치를 공고히 하고 싶어한다.

이 중앙 광장이 자본만을 앞세우고 허위와 가짜 정보를 퍼트리는 바이러스가 되지 않으리라는 보장이 있는가? 오히려 아나키즘으로 세상이 혼란스럽지는 않을까 하는 우려가 크다. 니얼 퍼거슨Niall Ferguson은 광장과 타워에서 "여러 네트워크만으로 세상이 무리없이 굴러갈 것이라고 믿는 것은 무정부 상태를 불러오는 확실한 방법이라는 게 역사의 교훈이다"100라고 빅테크들의 네트워크 독점 지속을 우려하고 있다.

한편으로 빅테크 글로벌 플랫폼은 제국주의적 성격을 닮아가고 있다. 제국(전성기의 로마 제국처럼)과 제국주의는 다르다. 제국은 다양성을 포용하지만, 제국주의는 다양성을 배제하고서 자기가 구축한 영역으로 경제, 문화, 언어, 제도 등 모든 부문을 끌어들이려 강제하고 그렇지 않을 때는 배제한다.

빅테크 기업들은 통신 인프라와 물류의 발전을 발판으로 기존의 지역 공간을 허물기 시작했다. 가격과 편리함 등 효율성으로 무장한 빅테크 기업들의 무차별 공세는 지역 내 소규모 경제 공동체를 서서히 무너뜨리고 있다. 조그만 마을이나 소도시에서 운영되는 소상공인들이나 소규모 슈퍼마켓들은 온라인 플랫폼에 자리를 내주고 사라지고 있다. 일정한 지역에서 상호 협조적으로 움직이면서 형성된 소규모 경제 공동체는 경쟁력을 상실한 상태다.

빅테크 기업들은 광범위한 네트워크를 구축하여 공급과 수요를 조절하고 경제 공동체의 공간 범위를 기존과는 다르게 대폭 확장하고 있다. 규모의 경제도 극대화한다. 공동체가 지나치게 확장되면 공동체로서의 가치를 상실한다. 잘 아는 사람들과의 관계가 아니라 익명의 사람들과의 관계가 훨씬 많아진다. 익명의 사람들과 신뢰 확인의 어려움은 결국 대규모 플랫폼으로 이어진다.

빅테크 플랫폼은 소규모 경제 공동체가 조각난 상태에서 거래의 안정성, 가격 차별화 등을 기반으로 하는 신뢰를 바탕으로 더욱 성장해나간다. 빅테크들이 성장하면서 점점 더 사라지는 지역 경제 공동체의 범위는 확대된다. 조각난 지역 경제 공동체들을 밀어낸 이후에는 빅테크들의 무한 질주가 이루어진다. 이렇게 되는 데 30년이 걸리지 않았다.

집중은 권력을 낳고, 권력은 독점을 추구한다. 집중은 편리함과 효율성이 있지만 지나치면 인류의 보편적 가치인 자유와 민주주의를 훼손한다. 자유와 민주주의는 약간의 불편함과 참여 의지를 요구한다.

인공지능과 자기 결정권

AI의 영역이 계속 확대되고 있다. 산업 현장과 대출 등 금융의 의사 결정, 신용평가 관리, 취업 면접에 이르기까지 사회, 경제 등 모든 영역으로 확장되고 있다. 특히 사람에 대하여 AI가 판단하고 결정하는 추세에 대하여는 우려가 크다. 사람은 천의 얼굴을 가졌다고 한다. 누구도 개별 인간을 한마디로 규정지을 수 없다. 개별 인간들의 속성을 규정해야만 이런 범주를 바탕으로 알고리즘을 만들어나갈 수 있다. 알고리즘의 한계는 정의하고 결정하는 데 있다. 사람은 항상 변하고 일정하지 않다.

어제의 '나'가 오늘의 '나'와 일치하지 않으며, 오늘의 '나'가 미래의 '나'가 아니다.

취업 시장에서 AI 면접이 늘고 있다. 면접에서의 인간의 주관적 판단을 신뢰하지 못하기 때문에 기계에 의존하는 경향이 많아지고 있다. 취업 비리 등이 사회 문제화되면서 책임을 회피하기 위한 목적도 포함되어 있다. 기계는 판단의 책임을 지지 않는다. 그러나 AI의 기준은 알고리즘을 만든 인간의 생각에 바탕을 두고 있다. 시작부터 만든 사람의 주관과 편견이 포함되어 있다. 표준형 인간, 회사에 잘 적응하는 인간, 창의적인 인간을 AI가 판단하는 것이 객관적이라는 생각은 위험하다. 기계가 인간의 영역을 보완하는 것이 아니라 인간이 기계의 영역에 맞추겠다는 발상은 다시 생각해봐야 할 중요한 문제다.

인공지능 면접에서 좋은 점수를 받기 위한 기술적 방법 등이 책으로 출판될 정도다. 여전히 취업준비생들의 60% 이상이 대면 면접을 원한다. 잡코리아와 알바몬이 설문을 통해 취업준비생들에게 AI 면접과 대면 면접 중 어떤 것을 선호하는지도 질문했다. 그 결과, "면접관과 직접 만날 수 있는 대면 면접을 선호한다"라는 의견이 64.9%로, "AI 면접을 선호한다"라는 의견(35.1%)보다 2배 가까이 더 많았다.

필자는 공공기관의 신입 사원 면접을 담당한 사실이 있다. 모두가 AI 면접을 거쳤다. AI 면접 결과를 보고 질문하면서 최종 면접을 진행했는데, 면접관들이 AI 면접이 신뢰성이 있고 결과를 준용해도 좋다는 의견을 말했다. AI 면접을 잘 받은 상위 지원자는 대부분 합격했고, AI 면접 하위 득점자는 대부분 탈락했다. 한 번에 지원자 8명을 30분 정도의 짧은 시간에 면접을 진행해서 지원자의 모든 것을 파악할 수는 없었다. AI 면접 결과를 반영하는 것이 부실한 면접 책임을 회피하기 좋은 이유가 됐다.

나는 여기에서 뛰어난 능력과 성실성을 갖고 있지만, AI 면접 성적이 좋지 못해서 떨어지는 사례들을 우리는 어떻게 받아들여야 할까? 면접은 작은 부분에 불과하다. 향후 AI 의존도가 높아지면 사람들은 자기 결정권을 행사하기 싫어하게 된다. 결정에 대한 부담을 떨쳐버릴 수 있기 때문이다. 이제 스스로 결정하는 것이 아니라 기계에 맞춰지기 시작한다.

알고리즘이 인간의 모든 복잡함과 다양함을 다 담아낼 수 없다. 수많은 통계와 확률을 바탕으로 대체로 그렇다고 할 수 있지만, 그것은 유형의 한 단면을 보여주는 것에 불과하다. 현재까지 AI는 기껏해야 사람의 유형을 수만 개로 분류해서 판단한다. AI 면접은 개별 인간의 다양성과 특수성 등을 보지 못하고 사회 전체적으로 경직되고 표준화된 인간 유형을 만들 수 있다.

현재도 적지 않은 금융회사들이 실제 적용하고 있지만, AI로 나의 신용평점을 매기고 대출 여부 판단을 하고 대출 거절을 한다면 나는 항의할 곳이 없다. 그리고 거절당한 이유가 무엇인지 은행원에게 물어보면 정교한 통계와 확률에 기반을 둔 인공지능이 그렇게 했다고 대답을 할 것이다. 알고리즘이 판단을 내리게 되면 알고리즘의 내용에 따라 자기 의지와 상관없이 차별을 받을 수 있지만 어디 하소연할 곳이 없다. 금융회사들은 비용 대비 효익을 우선하기 때문에 대출에서 탈락한 사람들을 구제할 정도로 인자하지도 않고 그럴 필요성도 못 느낀다.

인공지능을 과대평가하고 있다고 주장하는 독일의 철학자 마르쿠스 가브리엘Markus Gabriel은 "인간을 신용하면 그에 상응하는 리스크가 발생한다. 다만 그 리스크는 사람으로서의 자유에 대한 대가이기도 하다. 누군가를 신용할 수 있다고 생각했을 때 그것은 상대가 일을 잘하기 때문이 아니라 상대와 윤리적인 관계를 맺고 있기 때문이다"[101]라고 말한다. 마르쿠스 가브리엘은 AI를 선택함으로써 궁극적으로는 인간이 스스로 자유를 박탈당하고 기계에 의존하는 어리석음을 초래할 수 있다고 경고한다.

인간의 삶과 운명은 인공지능이 생각하는 것처럼 단순지도, 질서 정연하지도 않다. 인간의 감정도 무질서에 가까운 편이다. 인간 개별은 하나의 소우주다. AI와 인간 존재에 대한 지속적인 논의가 필요한 시대다.

3. 사유가 필요한 시대

디지털 망각이 필요하다

호랑이는 죽어서 가죽을 남기지만 사람은 죽어서 이름을 남긴다는 옛말이 있다. 이제는 사람은 죽어서 디지털 속의 기록으로 영원히 남겨진다. 한번 디지털에 각인된 기록은 지울 수 없다. 잘못된 것이든, 실수이든 상관없다. 디지털 장례사가 있지만 모든 컴퓨터의 서버에 있는 기록을 지울 수는 없다.

독일의 사회학자 하인츠 부데Heinz Bude는 "구글이 지배하는 세상에서 아무것도 사라지지 않는다고 생각하면 그건 그야말로 재난일 것이다. 역사적으로 우리 존재의 기억은 망각에 기초를 두고 있다. 잊을 수 없다면 나아갈 수 없다. 인지심리학에 따르면 배움은 망각에 기초를 두고 있으며, 무언가를 버릴 때만 더 현명해질 수 있다"고 한다.102 우리는 항상 시간 속에 존재한다. 시간이 바뀌면 우리 자신의 모습도 달라진다. 청소년들은 성장기에 다양한 경험을 겪는다. SNS에 무심코 올린 글이나 사진들이 나중에 큰 어려움을 초래하는 일들이 많아지고 있다.

메타버스가 주는 중요한 가치는 경험이다. 마르틴 하이데거Martin Heidegger는 "경험한다는 것은 뻗어나가면서 – 획득하는 도달함으로 존재의 한 방식이다"103라고 경험은 우리 존재를 표현하는 것임을 말해주고 있다. 경험을 하는 모든 사례가 빅데이터가 되어 무차별적으로 투명하게 노출된다면, 개인의 인격과 자유는 크게 상처를 입을 수 있다. 개인의 인격과 경험에 대한 자기 권리가 메타버스 내에서 이루어질 수 있도록 사회적 합의와 제도적 장치들이 필요하다.

사유가 필요한 시대

제레미 리프킨은 2000년 『소유의 종말』에서 "사이버스페이스 경제에서는 물건과 서비스의 상품화보다 훨씬 중요한 것이 인간관계의 상품화다. 빠른 속도로 정신없이 변하는 네트워크 경제에서 고객의 관심을 묶어둔다는 것은 그들의 시간을 최대한 통제할 수 있다는 것을 의미한다"104라고 디지털 경제의 문제를 지적했다.

수많은 디지털 네트워크에 피로감을 느낀 사람들은 폐쇄적인 디지털 공간에서 생각이 같은 사람들과만 교류하는 편안함 속에 안주하고자 한다.105 유튜브 등에서 가짜 뉴스와 듣고 싶은 뉴스만 선택하는 집단이 확대되고 배타적인 문화를 만들어나가는 현상들은 계층 간 사회의 갈등과 혼란으로 사회적 비용을 크게 확대하면서 사회 통합에도 부정적 영향이 우려된다.

항상 스마트폰 등 인터넷과 연결된 포노 사피엔스Phono sapiens는 시공간의 제약 없이 소통할 수 있지만 끊임없는 디지털 소통에 대한 부작용도 크다. 무언가 접속되어 있지 않으면 불안하다. 우리는 현재 헝가리 사회학자 지그문트 바우만Zygmunt Bauman이 말한 고독을 잃어버린 시간 속에서 살고 있는지도 모른다.

가끔은 접속을 끊고 가까이 있는 사람들과 대화를 하는 법을 연습해야 한다. 그리고 자신을 들여다볼 시간을 가질 필요가 있다. 로마의 카토Cato가 말한 의미, 사유가 필요한 시대다. "사람은 그가 아무것도 행하지 않을 때보다 더 활동적인 적이 없으며, 그가 혼자 있을 때보다 더 외롭지 않은 적은 없다".106

코로나 팬데믹은 디지털 세계의 영역을 단기간에 확장시켰지만, 사람들 간의 물리적 연결을 단절시키고 지역 공동체를 급속하게 와해시키고 있다. 팬데믹은 디지털 세계가 확대되는 과정에 준비할 시간을 없애버린 듯하다. 팬데믹은 디지털 세계 속에서 생활하던 사람들을 더 닫힌 공간으로 몰아넣고 있다. 영국의 경제학자인 노리나 허츠가 말한 고립의 시대The Lonely Century가 되고 있다.

진정한 연결은 서로 대화를 하고 감정을 교환하는 것이다. 그렇게 하기 위해서는 얼굴을 마주 보아야 한다. 감정의 교환은 만나는 시간, 공간, 표정, 심리적 변화 등 많은 것을 포함하는 과정이다. 네트워크 연결에서 상호 간 접속만으로는 진정한 감정의 교류는 힘들다.

미국의 사회학자 에릭 클라이넨버그Eric Klinenberg도 『도시는 어떻게 삶을 바꾸는가』라는 저서에서 "우리가 위험에서 벗어나고 신뢰를 구축하고 사회를 재건하는 데 필요한 인간관계에는 온라인 친구들끼리 '좋아요'를 누르는 것보다는 물리적인 장소에서 반복적으로 사회적 교류를 나누는 일이 뒤 따라야 한다"[107]고 물리적 공간에서의 네트워크 중요성을 지적하고 있다. 현실 공간과 디지털 공간은 항상 연결되어 있어야 한다. 물리적인 공간에서 소통하고 사회적 교류를 나누는 것이 중요하다.

메타버스 플랫폼 안에서의 연결은 기존의 플랫폼 안에서의 대화, 즉 구글의 줌ZOOM이나 시스코의 웹엑스Webex 등의 화상회의를 넘어선 감정과 공간의 공유를 통한 만남을 만들어나갈 수 있도록 설계해야 한다. 독일의 철학자 한나 아렌트Hannah Arendt는 "공적 공간은 자연적으로는 존재하지 않는다. 그것은 인간이 인위적으로 창조할 필요가 있는 것이다. 공적 공간은 우리가 서로 토론하는 가운데 행위하고 말하고 의견을 검증하는 공간이다"라고 공적 공간의 중요성에 대하여 강조한다.

디지털 공간에서도 공적 공간은 필요하다. 공적 공간을 확대하는 데 메타버스가 새로운 도구로서 작동했으면 한다. 그러나 공적 공간을 만들고 그대로 두면 거짓말과 가짜 뉴스, 생각이 다른 상대방 헐뜯기 등 피로감만 만들 수 있다. 공적 공간을 자율적으로 규율하고 공적 공간으로서 가치와 의미를 지켜나가려는 노력이 없이는 공적 공간은 사람들의 관심 밖으로 밀려 나간다. 만드는 것도 중요하지만 지키기가 더 어려운 법이다.

네트워크 시대에 사람들은 통제를 벗어나는 것을 두려워한다. 유발 하라리는 사람들은 "시스템과 연결되는 것이 모든 의미의 원천이 된다. 사람들이 데이터의 흐름 속에 합류하고 싶어하는 이유는 데이터 흐름의 일부일 때 자신보다 훨씬 더 큰 어떤 것의 일부가 되기 때문이다"[108]라고 데이터와의 끊김을 두려워한다고 말한다.

우리가 클릭하는 순간 모든 행동과 시간, 장소에 대한 데이터가 축적되고 인공지능과 알고리즘을 통하여 다시 나에게도 피드백된다. 선택이 무의식적으로 강제된다. 나는 유튜브를 통해 가끔 노래를 듣는다. 발라드 노래를 듣고서 다음에 유튜브를 보면 유사한 종류의 노래가 나열된다. 나는 다양하게 음악을 즐기고 싶은데, 알고리즘은 나의 특성을 규정짓고 계속 발라드를 강요한다. 선택에 대한 자유의지를 잃어버릴 수도 있다는 생각이 든다. 미래에 불행해질 권리조차 사라져버린 멋진 신세계 Brave New World*를 꿈꾸는 사람들이 많아질까 우려된다.

다양성과 존중, 배려가 사라진 개방은 무질서와 혼란을 낳는다. 반면 다양성이 사라진 통합은 폐쇄된 사회가 되고 인간의 자유의지를 억제한다. 네트워크 시스템이 다양성을 만들어내고 지속적인 발전을 위해서는 개방과 통합이 상호 보완하여 이루어져야 한다. 그렇게 하기 위해서는 참여자들의 적극적인 노력과 의지가 필요하다.

---

* 올더스 헉슬리(A.L. Huxley)가 1932년에 발표한 『멋진 신세계』는 과학과 기계의 발전이 인류의 모든 보편적 가치를 상실시킬 수 있음을 보여주는 디스토피아 소설이다.

메타버스 플랫폼은 기존 빅테크 기업들의 문제점을 개선하고 원래 광장이 가지고 있는 가치인 자유로운 소통과 네트워크를 구현해나가야 한다. 메타버스 플랫폼은 경험 가치의 확대와 새로운 사회적 실험을 통하여 우리 사회의 올바른 미래를 만들어나갈 수 있도록 같이 노력해야 한다. 그러한 노력이 뒷받침되지 않으면 인터넷이 표방하고 있는 개방성과 자유로운 소통, 글로벌 공동체의 건설 등은 먼 미래로 떠밀려갈 것이다.

부록

부록 1 정부 정책 발표 자료

1. 가상융합 경제 발전 전략, 관계 부처 합동109

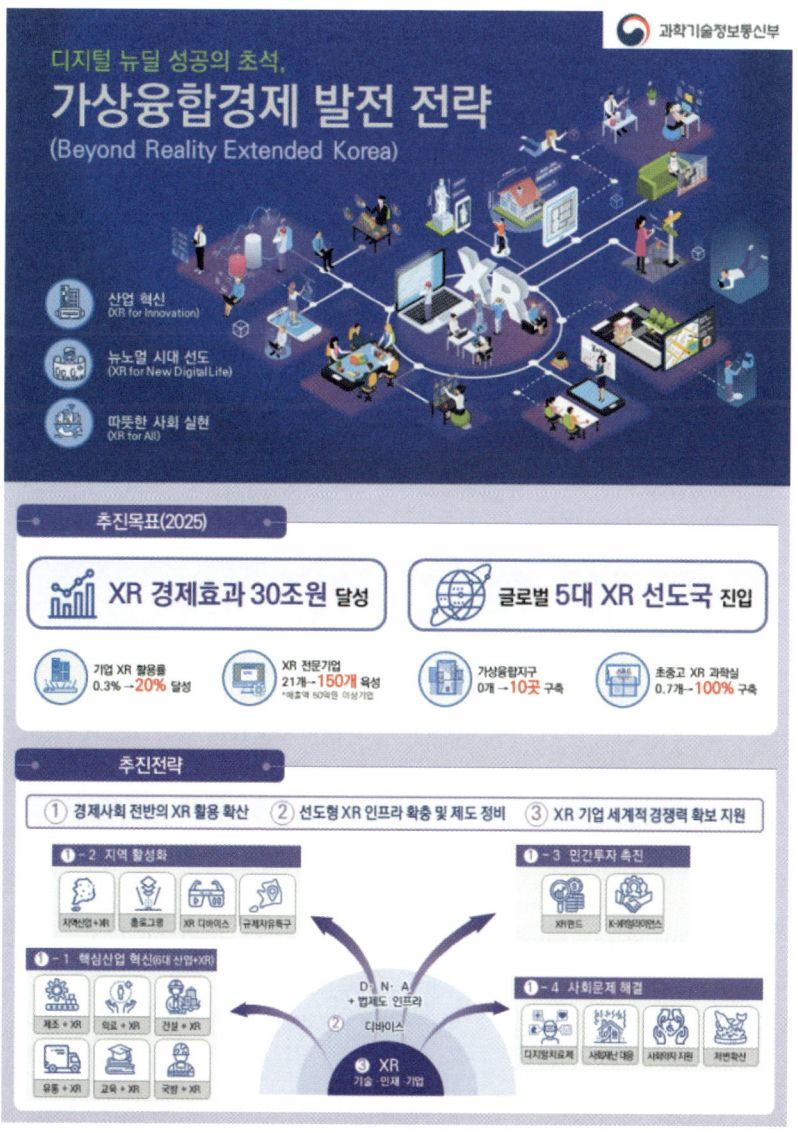

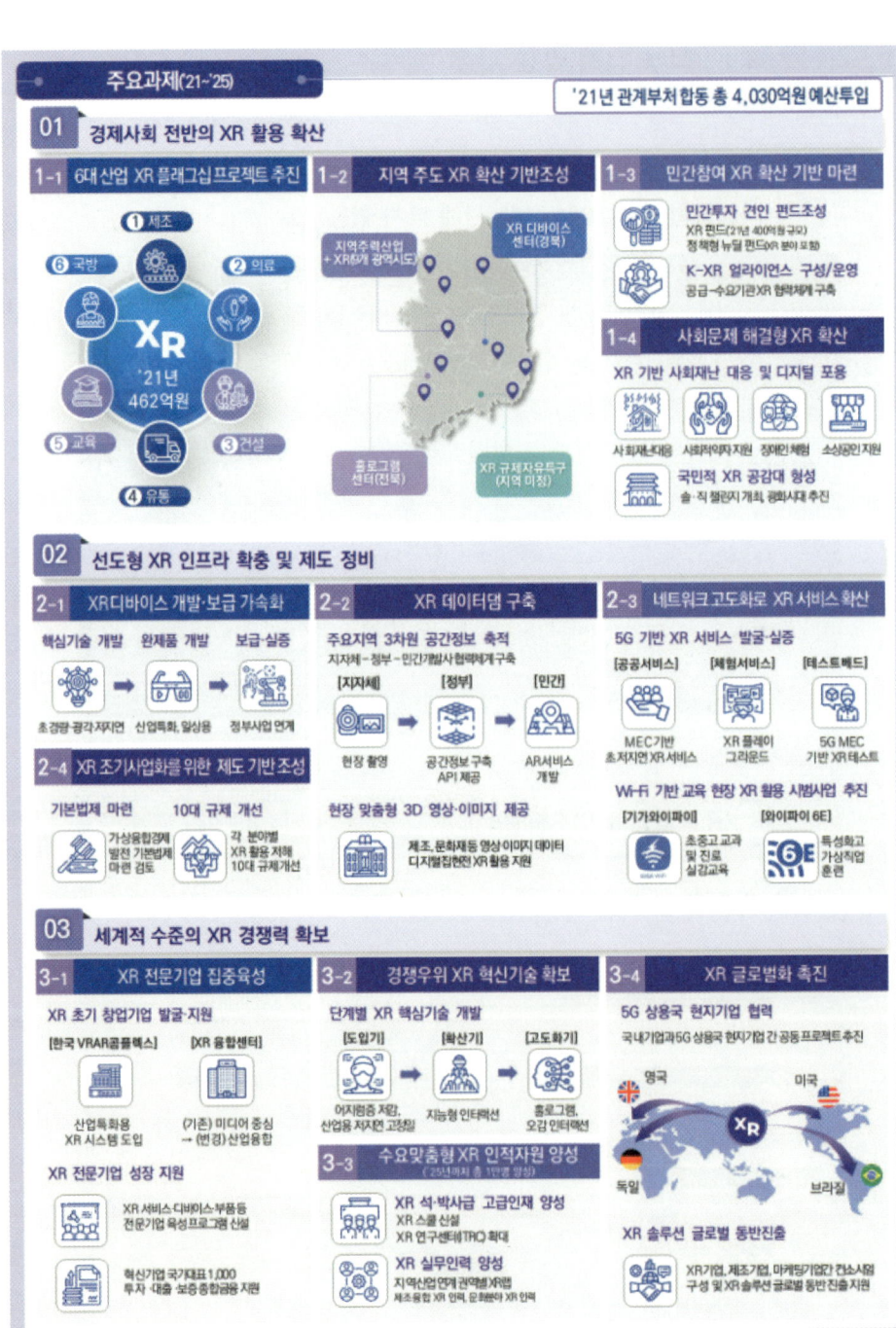

2. 디지털 신대륙, 메타버스로 도약하는 대한민국(관계 부처 합동)110

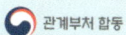

디지털 뉴딜 2.0 초연결 신산업 육성
디지털 신대륙, 메타버스로 도약하는 대한민국

목표 2026

글로벌 메타버스 선점	전문가 양성	공급기업 육성	모범사례 발굴
시장점유율 5위	누적 40,000명	220개	누적 50건

전략 1 | 세계적 수준의 메타버스 플랫폼에 도전하겠습니다!

메타버스 플랫폼 생태계 활성화

- 선도형 메타버스 플랫폼 발굴 및 서비스 확산
- 메타버스 한류 콘텐츠 제작 지원

메타버스 플랫폼 성장 기반 조성
- 메타버스 기술 및 데이터 확보
- 디지털 창작물의 안전한 생산·유통

전략 2 | 메타버스 시대에 활약할 주인공을 키우겠습니다!

메타버스 인재 양성

- 메타버스 고급·실무 인재 양성
- 메타버스 창작자 성장 지원

메타버스 활용·저변 확대
- 메타버스 노마드 입무 환경
- 메타버스 인식 확산

전략 3 | 메타버스 산업을 주도하는 전문기업을 육성하겠습니다!

메타버스 기업 성장 인프라 확충

- 초광역권 메타버스 허브
- 메타버스 특화시설 연계 지원

메타버스 기업 경쟁력 강화
- 메타버스 스타기업 육성
- 글로벌 교류 촉진

전략 4 | 국민이 공감하는 모범적 메타버스 세상을 열겠습니다!

안전·신뢰 메타버스 환경 조성

- 메타버스 윤리 정립
- 법제도 정비

메타버스 공동체 가치 실현

- 시민 참여형 사회 혁신 지원
- 디지털 포용 사회 구현 뒷받침

디지털 신대륙, 메타버스로 도약하는 대한민국

목표 2026

글로벌 메타버스 선점

시장점유율 **5위**
* 현 시장점유율 12위(추정)

메타버스 전문가 양성

누적 **40,000명**

메타버스 공급기업 육성

220개
* 매출액 50억원 이상

메타버스 모범사례 발굴

누적 **50건**
* 사회적 가치 서비스 발굴 등

추진 전략

전략 1 신대륙 발견

세계적 수준의 메타버스 플랫폼에 도전하겠습니다!

메타버스 플랫폼 생태계 활성화
- 선도형 메타버스 플랫폼 발굴·지원
- 메타버스 한류 콘텐츠 제작 지원
- 지역 특화 메타버스 서비스 확산
- 국제 행사 메타버스 활용
- 메타버스 디바이스 혁신 가속화

메타버스 플랫폼 성장 기반 조성
- 메타버스 기술 경쟁력 확보
- 디지털 창작물의 안전한 생산·유통
- 메타버스 데이터 구축·개방

전략 2 신대륙 정착

메타버스 시대에 활약할 주인공을 키우겠습니다!

메타버스 인재 양성
- 융합형 고급인재 양성
- 실무형 전문인력 양성
- 메타버스 창작자 성장 지원

메타버스 활용·저변 확대
- 메타버스 노마드 업무 환경 지원
- 메타버스 인식 확산 및 성과 공유
- 메타버스 개발·창작 경진대회

전략 3 신대륙 성장

메타버스 산업을 주도하는 전문기업을 육성하겠습니다!

메타버스 기업 성장 인프라 확충
- 메타버스 통합지원 거점 구축
- 메타버스 특화 시설 연계 지원

메타버스 기업 경쟁력 강화
- 메타버스 스타기업 육성
- 메타버스 펀드 투자 활성화
- 메타버스 기업 글로벌 교류 촉진

전략 4 신대륙 번영
국민이 공감하는 모범적 메타버스 세상을 열겠습니다!

안전·신뢰 메타버스 환경 조성
- 메타버스 윤리 정립
- 메타버스 시대 대비 법제도 정비
- 중장기 정책방향 제시 및 국제협력 선도

메타버스 공동체 가치 실현
- 시민 참여형 사회 혁신 지원
- 디지털 포용 사회 구현 뒷받침

메타버스 플랫폼 생태계 활성화

메타버스 플랫폼 발굴·지원

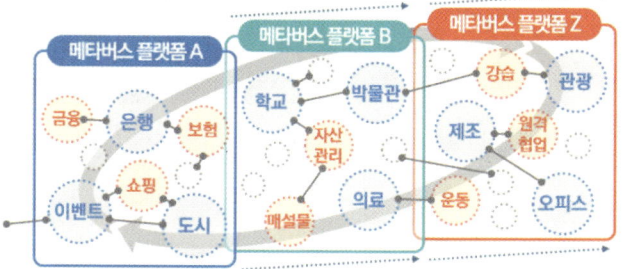

디바이스 혁신

XR 디바이스 완제품

메타버스 한류콘텐츠

전통문화 / 게임 / 패션 / 스포츠 / 한국관광 / 한국문화

지역특화 / 국제행사

메타버스 플랫폼 성장 기반 조성

메타버스 기술 경쟁력 확보

- R&D 로드맵 — 중장기 기술개발 전략
- 상호운용성 — 메타버스 프레임워크
- 원천기술 — IP, 공연, 홀로그램 등

메타버스 데이터 구축·개방

- 3차원 공간정보  — 3D 지형지도, 3D 건물지도
- 범용 3차원 객체 — 도시/건축/SOC 등
- 휴먼팩터 데이터  — 사용자 반응 데이터
- 문화 데이터 — 문화유산, 댄스 등 동작

디지털 창작물의 안전한 생산·유통

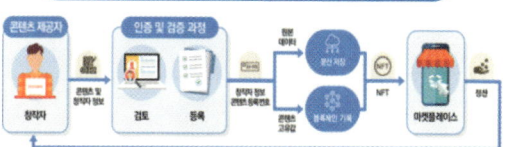

메타버스 인재 양성

융합형 고급인재
메타버스 전문대학원

융합 커리큘럼

산·학 연계

- 메타버스 랩 운영
- 수준별 전문인력 양성

실무형 전문인력
메타버스 아카데미

전담 멘토링 및 선수학습

↓

| 서비스 개발 과정 | 콘텐츠 창작 과정 |

↓

협업과정
(XR·Server·AI·NFT)

↓

기업 프로젝트
(문제해결&자기주도)

↓

| 실무과정 (현장실습·인턴십 등) | 사업화 지원 (기업가 정신) |

메타버스 창작자

1인 창작자 성장공간

신인 창작자 육성

예술인 창작 역량 강화

창작자 커뮤니티

메타버스 활용·저변 확대

메타버스 노마드 업무 환경
원격근무 거주환경 및 협업 솔루션

메타버스 인식 확산 및 성과 공유

코리아 페스티벌

메타버스 어워드

개발자/창작자 경진대회

메타버스 기업 성장 인프라 확충

메타버스 통합지원 거점 및 특화 시설 연계

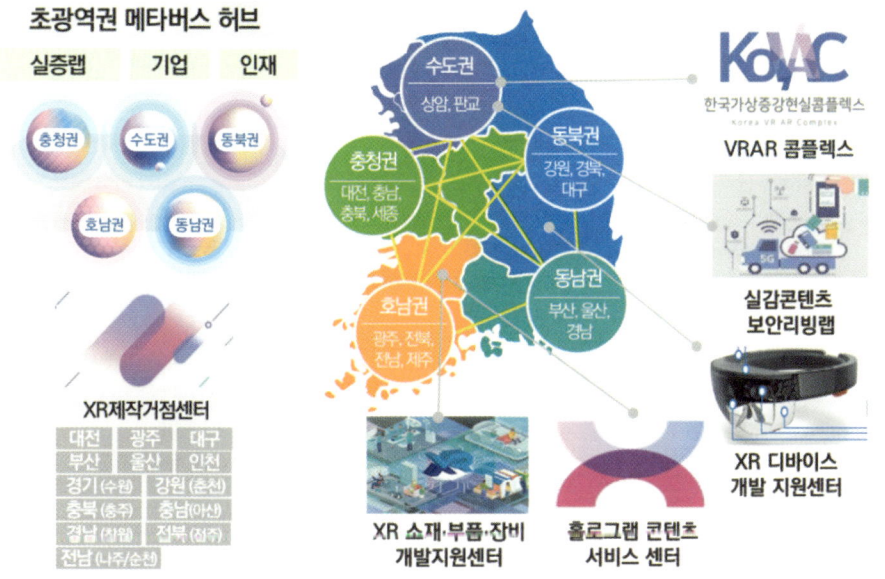

메타버스 기업 경쟁력 강화

안전하고 신뢰할 수 있는 메타버스 환경 조성

메타버스 윤리 정립

메타버스 윤리 원칙
- 안전과 신뢰 구축을 위해 추구해야 할 자율규범

이용자 보호
- 불법유해정보 차단
- 소비자 피해 예방

법제도 정비

규제 기본 원칙
- 자율규제
- 최소규제
- 선제적 규제혁신

법제 정비
- 비윤리적 행위
- 디지털 자산거래
- 개인정보 침해

디지털 자산 보호
- 저작권 쟁점 발굴·대응
- IP·디지털콘텐츠 기반 비즈니스 모델 개발 및 컨설팅·법률지원

중장기 대응

중장기 정책 대응
- 국내 산업 육성 정책 발굴 및 규제 방향 제시

국제 논의 선도
- 글로벌 사회·경제적 이슈 발굴 및 공론화
- 학술 협력 네트워크

메타버스 공동체 가치 실현

메타버스 사회혁신센터

디지털 포용 사회 구현

정보격차 해소

디지털 치료

역기능 예방

부록 2   메타버스 신사업을 위한 정부 펀딩과 정부 지원 사업의 탐색 여행

우리나라의 기업과 기관들은 급격한 시대 흐름에 휩싸이고 있다. 특히 인구 감소, 4차 산업혁명 시대의 빠른 진화, 코로나19 바이러스로 가속화되는 충격의 글로벌 팬데믹 등으로 인한 경영 환경의 변화에 직면하고 있으며, 이에 따른 기업과 기관의 근본적인 변화를 요구받고 있다. 특히 인구 감소에 따른 상황 악화는 생존의 문제로 몰입되고 있으며, 기업과 기관의 실효성 및 존재에 대한 의문을 제기받고 있다.

이러한 시점에서 기업과 기관들이 정부가 주관하는 신사업 기조를 이해하고 이를 적극적으로 활용하는 것은 오랫동안 산업 현장의 문제점으로 지적되었던 기업의 스케일업과 연계된 실용성 활성화를 통하여 성장성 있는 혁신 기업이 죽음의 계곡이란 어려움을 극복하고 경쟁력을 강화할 수 있는 기반을 제공한다.

그리고 이른바 정부 펀딩이라 불리는 주요 정부 지원 사업과 정책을 중심으로 정부 사업을 범주화하여 제시함으로써 기업과 기관의 경쟁력 강화에 도움을 줄 수 있는 정보를 제공하는 것이다. 더 나아가 디지털 전환 시대에 기업과 기관의 정부 정책과 지원 사업 분석을 통하여 급격한 환경 변화에 놓여 있는 우리나라 영리, 비영리 객체들에게 현실적인 함의를 제공한다.

선행 문헌 분석

우리나라 기업과 기관의 현실적인 문제에 접근하고 기업과 기관의 경쟁력에 관한 선행 연구들을 고찰하기 위하여 KISS, DBPia, 스콜라 등의 학술연구 Data Base를 사용하여 4차 산업혁명, 정부 사업, 메타버스,

표 대학과 기관의 선행 문헌 키워드 분석 결과[111]

NO	저자(연도, 발표지)	제목	결과 키워드 분석	선행 분석
1	장기원(2004, 대학교육)	한국의 대학 경쟁력 강화 방안	대학 경쟁력, 구조 조정, 지역 발전	대학 경쟁력 강화
2	오상영·홍현기·전제란 (2009, 산학기술학회)	정부의 중소기업지원 정책과 기업 성과의 상관성 분석	정부 지원 전략, 중소기업, 경영성과	정부 지원 사업 정책
3	홍병선 (2009, 교양교육연구)	대학 교육에 대한 사회적 요구와 대안 모색	사회적 요구, 지식 기반 사회, 문제 해결 능력, 융합 교육, 융합 교과목 개발	대학 경쟁력 강화
4	류영수·최상옥 (2011, 공공관리학회)	정부 지원 산학협력의 성공요인	산학협력, 자원 기반 관점, 구조방정식	정부 지원 사업 정책
5	이상주 (2013, 전산회계연구)	고등교육정책과 대학 경쟁력 강화 방안: 지방사립대학을 중심으로	대학혁신, 구조 조정, 재정 확보, 차별화, 특성화, 경영 전략	대학 구조 조정
6	권경섭·김병진·하규수 (2012, 벤처창업연구)	국가 연구개발기관 기술사업화 종합 지원 사업 성공 요인에 관한 탐색적 연구	국가 R&D 기관 기술 사업화, 히든챔피언	기술 사업화
7	강석민 (2013, 사회적기업연구)	정부 지원이 사회적 기업의 경영성과에 미치는 영향에 관한 실증연구	정부 지원, 사회적 기업, 경영 성과	정부 지원 사업 정책
8	반상진 (2015, 공학 교육연구)	대학구조개혁정책의 쟁점과 대응 과제에 관한 연구	학령 인구 감소, 대학 특성화 정책, 집단 경쟁력, 대학 구조 개혁, 대학 발전 뉴패러다임	대학 구조 조정
9	김회수(2016, 교육연구)	대학 경쟁력 강화를 위한 해외 유학생 유치 방안	유학생 유치 전략, 보충 교육, 지역 사회 교류, 취업 지원	대학 경쟁력 강화
10	백성기·김성열·김영일·백란(2016, 한국과학기술정보연구원)	제4차 산업혁명 대비 대학의 혁신방안	4차 산업혁명, 규제 완화, 학부 교육 선진화 사업, 대학 혁신	4차 산업혁명 대비
11	장현주 (2016, 서울행정학회)	중소기업 R&D 분야에 대한 정부 지원의 효과 분석	정부 지원, 정비 지원 효과 성과 세분	정부 지원 사업 정책
12	최미숙 (2017, 교양교육연구)	4차 산업혁명시대에 따른 전문 대학 교양교육의 개선 방향 연구	교양 교육, 전문대학, 4차 산업혁명 시대, 통합적 교양 교육, 미래 전문인 재양성	4차 산업혁명 대비
13	강철승 (2017, 한국경영교육학회 학술발표대회논문집)	4차 산업혁명시대 대학 교육혁신정책방향	4차 산업혁명, 글로벌 기술 트렌드, 국내 대학 교육 현황, 미래 대학 교육 정책 방향	4차 산업혁명 대비
14	손동섭·이정수·김윤배 (2017, 디지털컨버넌스저널)	정부 지원과 규제장벽이 국내중소기업의 기술혁신성과에 미치는 영향	정부 지원, 규제 기술 혁신, 중소기업	정부 지원 사업 정책
15	이경락·이상준 (2017, 한국디지털콘텐츠학회논문지)	대학 경쟁력 강화를 위한 매체 탐색과 개선 방안에 관한 연구	대학 경쟁력, 유학생 유치, 매체 탐색, 다국어 지원 서비스, 학령 인구 감소	대학 경쟁력 강화
16	김규태 (2019, 디지털융복합연구)	4차 산업혁명시대에서의 대학 교육 및 운영에 관한 연구동향과 사례	4차 산업혁명, 연구 동향, 대학 교육, 교육 과정, 테크놀로지	4차 산업혁명 대비
17	강월·김인선 (2020, 대한치과기공학회)	실습 수업에서 일부 치기공 과 학생들의 블렌디드 러닝과 전통적인 면대면 수업비교 연구	실습, 블렌디드 러닝, 면대면 수업 비교	대학 경쟁력 강화
18	황의철(2020, 한국컴퓨터정보학회논문지)	4차 산업혁명 시대의 대학의 교육 과정 혁신 방향	4차 산업혁명, 교육 과정 혁신, 창의, 융합, 빅카인즈	4차 산업혁명 대비

NO	저자(연도, 발표지)	제목	결과 키워드 분석	선행 분석
19	이윤준·김정호·황은혜·박정호(2020, 정책연구)	4차 산업혁명 시대 연구중심 대학의 경쟁력 확충 방안	국내 주요 대학 연구 현황, 연구 경쟁력 평가 지표, 주요 대학 연구 경쟁력 비교 분석	4차 산업혁명 대비
20	박형주(2020, 한국교양교육학회 학술대회 자료집)	포스트코로나 시대의 대학 교육	고등교육의 지형변화, 한국 고등 교육 인구 감소, 상호작용 & 학습자 중심 교육	포스트 코로나 대비
21	封棟翠·박정은 (2020, 중국연구)	포스트코로나 시대의 한국 대학 국제화 전략 - 코로나 19시대 중국인 유학생들에 대한 교육 전략 개선방안을 중심으로	중국, 포스트코로나19 시대, 한국 대학 세계화, 외국 유학생 유치, 중국 유학생	포스트 코로나 대비
22	고선영·정한균·김종인·신용태 (2021, 정보처리학회)	문화 여가 중심의 메타버스 유형 및 발전 방향 연구	메타버스, 가상 세계, 문화 여가	디지털 세계와 문화 여가 특성 도출
23	김승래 (2021, 한국집합건물법학회)	AI시대의 메타버스에 기반한 부동산 플랫폼 구축방안	메타버스, 가상 부동산, 프롭 테크, 부동산플랫폼, AI시대, 메타폴리스, 메타플랫폼	메타버스와 부동산, 법·제도
24	김진식·김송민 (2021, Proceedings of KIIT Conference)	디지털뉴딜 정책에 따른 공공데이터 품질관리 평가제도의 효용성 분석 및 개선된 평가모델제시	공공데이터 품질관리 평가, 데이터 모델, 데이터 분석	정부 지원 사업 정책
25	남현우(2021, 한국 방송·미디어공학회)	XR 기술과 메타버스 플랫폼 현황	메타버스, XR 기술, 구글 트렌드, 산업 적용, 플랫폼	메타버스 산업, 플랫폼
26	김미정 (2021, 비평과 이론)	온택트시대가 가속화시킨 대학의 위기와 향후 전망에 대한 소고	대학 위기, 학령 인구 절벽, 코로나19, 뉴노멀, 에듀 테크	대학 경쟁력 강화
27	박민규·강주미·윤주홍 (2021, 한국 방송 미디어공학회)	메타버스 서비스를 위한 휴먼 모델링 기술 동향	메타버스, 디지털 휴먼, 3D 모델링, 영상비디오 정보	메타버스와 AI 휴먼
28	박수빈·이현경(2021, 한국디자인트렌드학회)	메타버스형 가상 박물관의 사례 연구에 따른 발전 방향 제안: 개인화와 공유를 중심으로	메타버스, 가상 박물관, 사용자 인터랙션	가상 박물관 서비스 기획 및 운영제시
29	손수정 (2021, 과학기술정책연구원)	메타버스(Metaverse) 플랫폼 기반 Co - creation 활성화를 위한 지식재산 이슈	메타버스, 가상 자산 생성 보호, 지식재산 융복합과 보호	통합, 가상실증 환경 조성과 보호
30	시새롬·윤정현 (2021, 한국경영학회)	메타버스 가상 세계의 생태계 구조와 혁신모델	메타버스, 가상 세계 생태계, 인프라 - 플랫폼 - 콘텐츠 · IP	메타버스 생태계 분석
31	오종석(2021, 소음·진동)	학령인구 감소에 따른 지방 대학 위기 현황 및 극복방안	학령 인구 감소, 지방 대학, 지역혁신 사업	대학 구조 조정
32	유갑상·전웅 (2021, 한국디지털콘텐츠학회)	메타버스 기반 게임형 어학 교육 서비스 플랫폼 개발에 관한 연구	메타버스, 가상 현실, 언어, 교육, 이클래스, 인공지능	게임형 교육 플랫폼 연구
33	윤옥한 (2021, 한국교양교육학회 학술대회 자료집)	4차 산업혁명시대 융·복합형 교육 과정 운영 방향 탐색 - K 대학 사례를 중심으로 -	팀팀클래스융·복합 교육 과정, 팀교육인증 융·복합교육 과정, HOT팀클래스 융·복합 교육과정, 알파프로젝트 교육 과정	4차 산업혁명 대비
34	원종원·전종우·이종윤 (2021, 한국광고PR학회)	메타버스를 통한 대학교 마케팅 사례	메타버스, TOE 프레임워크, 사례연구, 순천향대학교	메타버스 대학홍보

NO	저자(연도, 발표지)	제목	결과 키워드 분석	선행 분석
35	이동희 (2021, 호텔경영학연구)	포스트코로나시대, 항공 서비스 전공 실기수업에서의 블렌디드 러닝 활용 사례	COVID - 19, 블렌디드 러닝, 전공 실기 수업, PBL교수법, 대면 수업	포스트 코로나 대비
36	이병권 (2021, 한국콘텐츠학회지)	메타버스(Metaverse)세계와 우리의 미래	메타버스, 제페토, 로블록스, 코로나19	메타버스 이해와 미래
37	이자헌·최은용 (2021, 한양대 우리춤연구)	새로운 패러다임, 메타버스(Metaverse) 속 공연 유통	메타버스, 공연 유통, NFT, 다원예술, 코로나19	메타버스와 NFT, 공연
38	이준복 (2021, 홍익대 법학연구소)	미래세대를 위한 메타버스(Metaverse)의 실효성과 법적 쟁점에 관한 논의	메타버스, 증강·가상 현실, 프라이버시권, 지적재산권, 퍼블리시티권, 데이터기본법	메타버스와 특허, 법률
39	이현정 (2021, 한국게임학회논문지)	AI시대, 메타버스를 아우르는 새로운 공감개념 필요성에 대한 담론	공감, 메타버스, 인공지능, 소통	메타버스 AI 공감 개념
40	이형철 (2021, 지역사회연구)	국가균형발전과 지방대학 육성 - 국립대학 육성 방안 -	국립대학, 대학의 위기, 무상교육, 대학 경쟁력	대학 경쟁력 강화
41	정지연·김규리·이승희· 정민수·시종욱·김성영 (2021, 한국정보기술학회)	메타버스 환경의 가상 전자회로 시뮬레이터 설계	메타버스, 전자회로, 유니티, 시뮬레이션, 비대면 수업	메타버스와 비대면 수업, 전자기술
42	정지훈(2021, 한국 어린이미디어학회)	메타버스와 미래교육	메타버스, 미디어, 미래 교육, 사례 연구	미래 교육의 스토리텔링
43	한형성 (2021, 마르크스주의 연구)	포스트코로나 시대, 한국 대학의 기업화	대학 기업화와 위기, 사립대학 법인이사회, 산학 협력, 비정년 계열 전임교원	포스트 코로나 대비

경쟁력 강화 등의 키워드로 검색을 하였다. 검색 결과 300여 개의 주요 문헌이 선정되었고, 이중 검토 목적에 부합하는 기업과 기관이나 대학의 경쟁력 강화를 위한 연구는 위의 43개로 나타났다.

선행 문헌의 분석에서 보면 출산율 저하로 인한 인구절벽, 코로나 19 바이러스로 인한 비대면 근무 활성화 등 기업과 기관 경영 환경의 급격한 변화로, 특히 생존을 위협받는 소규모 객체의 위기가 현실로 되고 있다. 이에 정부는 다양한 정부 지원 정책을 통해 기업과 기관의 인구절벽과 글로벌 패권 경쟁에 따른 수익성 악화와 코로나19의 충격적인 글로벌 팬데믹 극복을 지원하고 있고 지속적인 성장과 성과 창출을 독려하고 있다. 하지만 그 수준은 크게 개선되지 않고 있다. 그 이유로 다양한 요인들을 들 수 있겠으나, 그 중 가장 중요하게 거론되는 것은 최근 기술과 혁신적 융합의 발전 추세다.112 이에 각 기업과 기관들은 파괴적인 혁신성에 지속적인 투자를 통하여 급변하는 시대 흐름에 발맞추어 나가고자 노력하고 있으나, 이를 개별 기업이나 기관이 정해진 시간 안에 모두 해낸다는 것은 현실적으로 어려운 일이다.

주

1. 팀 스위니 포트나이트 창업자 겸 CEO 메타버스는 인터넷(웹)의 다음 버전이다. 사람들이 메타버스로 일하러 가거나 게임을 하거나 쇼핑을 하거나 시간을 보낼 수 있을 것이라 했고, 마크 저커버그 페이스북 창업자 겸 CEO는 메타버스가 커뮤니케이션의 중심이 될 것이라 했으며, 에드워드 마틴 세계적인 3D 엔진 업체 유니티의 프로덕트 매니지먼트 총괄은 "스스로 아직 크리에이터(창작자)라고 생각하지 않는 사람들이 메타버스를 상상해내고 아직 누구도 생각하지 못하는 문제를 해결해 미래의 삶을 여러 면에서 바꿔 놓을 것이다"라고 말하고 있다.
2. 제레미 리프킨, 『소유의 종말』, 이희재 역, 민음사, 2001, p226
3. 위키피디아(2022.1.8. 구글 검색)
4. 앙드레보나르, 『그리스인 이야기1』, 김희균역, 책과함께, 2011, p317
5. 시오노 나나미, 『로마인 이야기5』, 김석희역, 한길사, 1996, p331
6. 시오노 나나미, 앞의 책, p274,
7. 제주일보(http://www.jejunews.com)
8. 제레미 리프킨, 위의 책, p30
9. Mark S. Granovetter, "The Strength of Weak Ties", *American Journal Sociology*, Volume 78, 1360~1380, 1973, 루이스 워스(Louis Wirth, *Urbanism as a Way of Life*)는 1938년에 도시화 속에서 약한 유대가 소외감을 낳는다고 했지만, 그라노베터는 역설적으로 강한 유대는 지역적 응집감이 만들어지지만 파편화되는 반면에 약한 유대가 개인들이 공동체에서 기회나 통합을 잘 만들어나간다고 주장한다.
10. 제레미 리프킨, 앞의 책, p167
11. 이언 골딘·로버트 머가, 『앞으로 100년』, 추서연 외역, 동아시아, 2022, pp47~48, p178
12. 한국민족문화대백과사전 참조
13. CARLA.umn.edu, *What is culture?*, CARLA University of Minnesota,

2019

14 *Global Ecommerce Forcast 2021*, Karin Von Abrams, Insider Intelligence, p12, 2021.7

15 조진철 외, 『중소·중견기업의 글로벌 물류 인프라 구축 필요성』, 국토연구원, 2021.12

16 이탈리아 철학자 안토니오 그람시는 이를 공위시대(空位時代)라 표현했다.

17 이러한 4차 산업혁명시대의 기술 발전이 코로나19 바이러스와 같은 글로벌 팬데믹의 영향으로 어떻게 진화하고 있는지 예측하는 일을 선행 문헌을 통해서 분석하였다.(참조, 부록)

18 강월·김임선, 『실습 수업에서 일부 치기공과 학생들의 블렌디드 러닝과 전통적인 대면 수업 비교 연구』, 대한치과기공학회, 2020

최현실, 『코로나-19로 인한 대학신입생의 비대면 수업 경험에 대한 연구』, 교양교육연구, 2021

홍혜윤·임연욱, 『언택트시대, 비대면 온라인 수업의 효율성 연구』, 디지털컨버전스, 2021

19 [그림4-1] 메타버스의 4가지 시나리오 형태 참조

20 한국민족문화대백과사전(역참(驛站))

21 김현욱, 『5G 이동통신 기술과 서비스』를 참조하여 재작성

22 3GPP2(3rd Generation Partnership Project-2 CDMA기술표준안)에서 기지국을 BS(Base Station), 단말기를 MS(Mobile Station)으로 표현했으며, 3GPP(3rd Generation Partnership Project GSM방식기술표준안) RAN=BS, UE=MS와 동일한 의미임), 3GPP는 (3G기지국 RNS, 4G기지국 eNB, 5G기지국 gNB)로 표현함.

23 AMPS, 아날로그 방식의 이동통신 시스템 / GSM: 유럽의 대표적인 이동통신 시스템으로 TDMATime Code Division Multiple Access 방식을 채택 / IS-95A, CDMA 이동통신 Interim 표준안 / CDMA, 디지털 이동통신 방식 / W-CDMA, 3세대 와이드밴드CDMA(W-CDMA) / LTE, 4세대 이동통신 시스템

24	권병일·권준환, 『디지털트랜드 2022』, 책들의 정원, 2021.10
25	2021년 한국과 미국은 기후, 글로벌 보건, 5G 및 6G 기술과 반도체를 포함한 신흥 기술, 공급망 회복력, 이주 및 개발, 인적 교류에 새로운 유대를 형성할 것을 약속하였다. 따라서 과학기술정보통신부는 2020년 8월 6G 통신 시대를 선도하기 위한 미래 이동통신 연구 개발 추진 전략을 발표했다. 이에 따르면 정부는 2021년부터 5년동안 6G 개발, 국제 표준, 연구 및 산업 기반 조성을 하게 된다.(권병일·권준환, 앞의 책, p33~34)
26	Mark Pesce Columnist(호주 기업가, 발명가, 작가), https://www.abc.net.au/news(2014-05-29)
27	봇(bot)은 컴퓨터 비서(시리처럼)라고 할 수 있다. 프로그램의 일종으로 계속 진화하고 있다.
28	DONG HYUNG SHIN, Created(donghyung.shin@gmail.com)(2021)
29	Investment Management, "Big Idea 2021"(2021),
30	Sony, "Why Sony's VR Ambitions May Outgrow PlayStation.", UPLOAD VR (2021.04.04.)
31	Ark Investment Management, "Big Ideas Report 2021"(2021.1)
32	주요 메타버스 기업들의 기업 가치 변화 "Google stock 자료 종합"(2021)
33	SPRi 소프트웨어 정책 연구소, 『이슈 리포트, 5대이슈 전망』(2020),13P
34	전자신문, "반지의 제왕 애플, 스마트 링 특허 등장", theguru(2021.01.05)
35	한국정보통신기술협회, "LiDAR 기술(ICT 시사상식)"(2021)
36	Microsoft, "홀로렌즈의 성장 동력"(2019)
37	IT조선, "THE STORY OF MAGIC LEAP"(2020)
38	NIPA, "5G와 초실감 기술이 만드는 신 디지털 라이프"(2019)
39	MS, "Studio(Mixed Reality Capture Studio)(2021)
40	Circuit Stream, "Unity3D or Unreal Engine 4: Which is Better for XR Development"(2019)
41	삼성증권, "UNITY Software, 메타버스 대표 기업 두둥등장!"(2021)
42	Berkman Klein Center, "Free Virtual Reality Games Illustration (PSD)

Reality Experiences for Remote Teaching and Learning"(2020)

43 AEM,「마세라티의 성공과 디지털라이제이션」(2016)
44 HBR, "How Smart, Connected Products Are Transforming Competition"(2014)
45 HBR, 앞의 책
46 ARK Investment Management, "Big Idea 2021"(2021)
47 The verage, "Oculus Quest vs. Oculus Quest 2: what's the difference?"(2020.9.16.),
48 Deloitte, "The spatial web and web 3.0?"(2020)
49 페이스북 홈페이지 및 언론 자료(2021)
50 Deloitte, "The spatial web and web 3.0?"(2020)
51 Innovate UK, "XR은 전 산업과 사회에 영향을 미치는 범용기술"(2018)
52 아시아경제(2022.2.7.), "강동구 메타버스활용 '스마트 도시 리빙랩' 개최"
53 교육부 블로그(2021.11.13.), 메타버스가 미래교육에서 활용될 수 있는 방법은.
54 계보경 외, 『메타버스의 교육적 활용: 가능성과 한계』, 한국교육학술정보원, 2021, pp26~27
55 계보경 외, 앞의 글
56 김상균 강원대 산업공학 전공 교수 saviour@kangwon.ac.kr
57 한국교육신문(2021.9.6.), "메타버스가 교육을 만난다면".
58 김상균 강원대 산업공학 전공 교수 saviour@kangwon.ac.kr
59 https://sti.kostat.go.kr/window/2021b/main/2021 - win - 14.html 통계의 창 2021 겨울호.
60 대한민국 정책브리핑(www.korea.kr)
61 특강, 봉사 활동 등 학생들의 비교과 활동 참여 실적을 포인트화해서 장학금 지급, 학점 부여 등과 연계하는 제도로 'K - 디지털 기초 역량 훈련' 이수 시간도 포인트로 환산
62 대한민국 정책브리핑(www.korea.kr)

63	Sarah Payton and Cassie Hague, *Digital Literacy in pratice*, 2010년
64	뉴스1(2022.1.19.), "이달에만 9개 등록…'우후죽순' 메타버스 민간 자격증, 문제없나"
65	한국대학신문(2021.12.21.), "게임하듯 공부하니 재밌네. 원격 교육으로 고등교육 미래 열었다."
66	https://www.postech.ac.kr/
67	www.lg.co.kr.
68	www.mobis.co.kr
69	계보경 외, 앞의 글, p34
70	계보경 외, 앞의 글, pp32~33
71	교육부 블로그(2021.11.13.), 메타버스가 미래 교육에서 활용될 수 있는 방법은.
72	특정 금융거래정보의 보고 및 이용 등에 관한 법률에서 '가상 자산'이란 경제적 가치를 지닌 것으로서 전자적으로 거래 또는 이전될 수 있는 전자적 증표(그에 관한 일체의 권리를 포함한다)를 말한다. 자금세탁 방지를 하고 매각차익에 대하여 세금을 부과하는 데 금융소득이 아닌 기타소득으로 부과한다. 비트코인 등을 가상 자산으로 분류하고 있으나 아직은 가상 자산을 금융이나 화폐로 인정하고 있지 않다. 이 책에서는 비트코인 등에 대하여 이해하기 쉽게 암호화폐, 가상 자산을 같이 사용하고자 한다.
73	찰스 호스킨스·유발 하라리 외, 『초예측 부의 미래』, 신희원 역, 웅진지식하우스, 2020, p183
74	찰스 호스킨스·유발 하라리 외, 앞의 책, pp182~184
75	돈 탭스콧·알렉스 탭스콧, 『블록체인 혁명』, 박지훈 역, 을유문화사, 2018, p141
76	위키피디아 참조(https://ko.wikipedia.org)
77	https://www.convertstring.com/ko/Hash/SHA256
78	커넥팅랩, 『블록체인 트렌드2020』, 비즈니스북스, 2019, p48

79	세계경제포럼과 글로벌 IT기업 시스코는 각각 2025년과 2027년이 되면 전 세계 GDP의 10%가 블록체인에서 발생할 것으로 전망하는 등 블록체인 시장이 크게 확대될 것으로 예상
80	커넥팅랩, 앞의 책에서 재인용
81	1905년 러일전쟁에서 침몰한 러시아 보물선에 150조 원에 달하는 값어치의 금화와 금괴 5,000상자가 실려 있다고 신일그룹이 해저에 침몰한 사진을 공개하면서 세인들의 관심과 투자를 유인하여 2,600명이 90억을 투자하고 피해를 당하였으며 대표는 사기죄로 실형을 선고받았다.
82	한국민족문화대백과사전 "전자상거래" 검색 결과(2021.10.1. 접속), (http://encykorea.aks.ac.kr/Contents/Item/E0068413)
83	X을 활용해 경제 활동 (일, 여가, 소통) 공간이 현실에서 가상융합공간까지 확장되어 새로운 경험과 경제적 가치를 창출
84	B. Joseph Pin Il and James H. Gilmore, "Welcom to the Experience Economy", *Harvard Business Review,* July - August 1998 및 이승환, 2021. SPRi 이슈 리포트 IS - 115, 「로그인 (Log In) 메타버스: 인간×공간×시간의 혁명」
85	Innovative UK(2018), *The immersive economy in the UK*
86	B. Joseph Pin Il and James H. Gilmore, "Welcom to the Experience, Economy", *Harvard Business Review,* July - August 1998 및 이승환, 2021. SPRi 이슈 리포트 IS - 115 「로그인 (Log In) 메타버스: 인간X공간X시간의 혁명」
87	김훈, 위험관리 연구소 소장, 「메라비안 법칙 Law of Mehrabian」 2017. 1. 5 인터넷 게재
88	Daniel Tolstoy, Emilia Rovira Nordman, Sara Melen Hanell, Nurgul Ozbek, 2021. "The development of international e - commerce in retail SMEs: An effectuation perspective", *Journal of World Business,* 56 101165. Elsevier, p/2
89	https://www.hankyung.com/it/article/202111021793g

90	엑스엘게임즈는 MMORPG '아키에이지'의 개발사이며 라이온하트 스튜디오는 최근의 인기 모바일 게임 MMORPG '오딘: 발할라 라이징'의 개발사다.
91	넵튠은 온마인드(버추얼휴먼 '수아' 개발), 맘모식스(가상 현실(VR) 메타버스 개발사), 퍼피레드(모바일 메타버스 플랫폼과 버추얼휴먼 제작 기술 보유)등에 지분 투자했다.
92	sk텔레콤 홈페이지(https://news.sktelecom.com/133655), 2021.1.8.일 검색
93	유니티는 게임에 들어가는 물리 엔진을 개발한 회사로 잘 알려져 있다. 물리 엔진이란 중력이나 관성처럼 현실에서 일어나는 물리 법칙을 게임 등 가상 공간에서도 구현해주는 프로그램이다.
94	정용우·김판진(2010),『국내 중소기업의 정부 지원 정책에 관한 연구』, 유통과학연구
95	마리아나 마추카토, 『가치의 모든 것』, 안진환 역, 민음사, 2020, pp321~324
96	디지털 뉴딜 로드맵 2020－2025, 과학기술정보통신부
97	디지털 뉴딜 로드맵 2020－2025, 과학기술정보통신부 참조하여 저자 작성
98	제레미 리프킨, 앞의 책, pp192~193
99	조지프 캠벨,『원시 신화』, 이진구 역, 까치, 2003, p35
100	니얼 퍼거슨,『광장과 타워』, 홍기빈 역, 21세기북스, 2019, p710,
101	마르쿠스 가브리엘,『왜 세계사의 시간은 거꾸로 흐르는가』, 김윤경 역, 타인의 사유, 2021, pp171~172
102	하인츠 부데,『불안의 사회학』, 이미옥 역, 동녘, 2015, p142
103	마르틴 하이데거,『숲길』, 신상희 역, 나남, 2010, p274
104	제레미 리프킨, 위의 책, p145
105	이언 골딘·로버트 머가, 앞의 책, p465
106	한나 아렌트,『인간의 조건』, 이진우 역, 한길사, 2017, p434
107	에릭 클라이넨버그,『도시는 어떻게 삶을 바꾸는가』, 서종민 역, 웅진지식하우스, 2019, p306

108	유발 하라리, 『호모 데우스』, 김명주 역, 김영사, 2017, p529
109	디지털 뉴딜 성공의 초석이 될 「가상융합 경제 발전 전략」 발표, 2020년 12월 10일 관계 부처 합동
110	디지털 신대륙, 메타버스로 도약하는 대한민국, 2022년 1월 19일 관계 부처 합동
111	KISS, DBPia, 스콜라(2022.1.30. 검색)
112	박상문·서종현(2012), 「중소기업의 기술경영활동수준과 기술역량 및 기술혁신 애로 요인 간 관계」, 중소기업연구

참고문헌

강석민(2013), 「정부 지원이 사회적 기업의 경영성과에 미치는 영향에 관한 실증연구」, 사회적기업연구

강월·김인선(2020), 「실습 수업에서 일부 치기공과 학생들의 블렌디드 러닝과 전통적인 면대면 수업 비교 연구」, 대한치과기공학회

강철승(2017), 「4차 산업혁명시대 대학 교육혁신정책방향」, 한국경영교육학회 2017년도 추계국제학술발표대회 논문

고선영·정한균·김종인·신용태(2021), 「문화 여가 중심의 메타버스 유형 및 발전 방향 연구」, 정보처리학회논문집

권경섭·김병진·하규수(2012), 「국가 연구개발기관 기술사업화 종합지원 사업 성공요인에 관한 탐색적 연구」, 벤처창업연구

김규태(2019), 「제4차 산업혁명 시대에서의 대학 교육 및 운영에 관한 연구 동향과 사례」, 디지털융복합연구

김미정(2021), 「온택트 시대가 가속화시킨 대학의 위기와 향후 전망에 대한 소고」, 비평과 이론

김승래(2021), 「AI시대의 메타버스에 기반한 부동산 플랫폼 구축방안」, 한국집합건물법학회

김진식·김송민(2021), 「디지털뉴딜 정책에 따른 공공데이터 품질관리 평가 제도의 효용성 분석 및 개선된 평가모델 제시」, Proceedings of KIIT Conference, 한국정보기술학회 2021년도 하계종합학술대회 및 대학생논문경진대회

김회수(2016), 「대학 경쟁력 강화를 위한 해외 유학생 유치 방안」, 교육연구

류영수·최상옥(2011), 「정부 지원 산학협력의 성공요인」, 한국공공관리학보

박민규·강주미·윤주홍(2021), 「메타버스 서비스를 위한 휴먼 모델링 기술 동향」, 한국 방송미디어공학회

박수빈·이현경(2021), 「메타버스형 가상 박물관의 사례 연구에 따른 발전 방향 제안: 개인화와 공유를 중심으로」, 한국디자인트렌드 학회

박형주(2020), 「포스트코로나 시대의 대학 교육」, 한국교양교육학회 2020년도 추계전국학술대회 자료집

반상진(2015), 「대학구조개혁정책의 쟁점과 대응 과제에 관한 연구」, 공학교육연구

백성기·김성열·김영일·백란(2016), 「제4차 산업혁명 대비 대학의 혁신방안」, 한국과학기술정보연구원 연구보고서

封棟澤·박정은(2020), 「포스트코로나 시대의 한국대학 국제화 전략 - 코로나19 시대 중국인 유학생들에 대한 교육전략 개선방안을 중심으로 - 」, 중국연구

손동섭·이정수·김윤배(2017), 「정부 지원과 규제장벽이 국내 주요기업의 기술혁신성과에 미치는 영향」, 디지털융복합연구

손수정(2021), 「메타버스 플랫폼 기반 Co-creation 활성화를 위한 지식재산 이슈」, 과학기술정책연구원

오상영·홍현기·전제란(2009), 「정부의 중소기업지원 정책과 기업 성과의 상관성 분석」, 한국산학기술학회논문지

오종석(2021), 「학령인구 감소에 따른 지방대학 위기 현황 및 극복방안」, 소음·진동

원종원·전종우·이종윤(2021), 「메타버스를 통한 대학교 마케팅 메타버스를 통한 대학교 마케팅 사례」, 한국광고PR실학회

유갑상·전긍(2021), 「메타버스 기반 게임형 어학 교육 서비스 플랫폼 개발에 관한 연구」, 한국디지털콘텐츠학회

윤옥한(2021), 「4차 산업혁명 시대 융·복합형 교육 과정 운영 방향 탐색 - K 대학 사례를 중심으로」, 한국교양교육학회 2021년도 춘계전국학술대회 자료집

이경락·이상준(2017), 「대학 경쟁력 강화를 위한 매체탐색과 개선방안에 관한 연구」, 한국디지털콘텐츠학회 논문집

이동희(2021), 「포스트코로나시대, 항공서비스 전공실기 수업에서의 블렌디드 러닝 활용 사례」, 호텔경영학연구

이병권(2021), 「메타버스(Metaverse)세계와 우리의 미래」, 한국콘텐츠학회지 제19권 제1호
이상주(2013), 「고등교육정책과 대학 경쟁력 강화방안: 지방사립대학을 중심으로」, 전산회계연구
이윤준·김정호·황은혜·박정호(2020), 「4차 산업혁명 시대 연구중심대학의 경쟁력 확충 방안」, 정책연구
이자헌·최은용(2021), 「새로운 패러다임, 메타버스(Metaverse) 속 공연 유통」, 한양대 우리춤연구)
이준복(2021), 「미래세대를 위한 메타버스의 실효성과 법적 쟁점에 관한 논의」, 홍익대 법학연구소
이현정(2021), 「AI시대, 메타버스를 아우르는 새로운 공감개념 필요성에 대한 담론」, 한국게임학회논문지
이형철(2021), 「국가균형발전과 지방대학 육성 - 국립대학 육성 방안 - 」, 지역사회연구
장기원(2004), 「한국의 대학 경쟁력 강화 방안」, 대학 교육
장현주(2016), 「중소기업 R&D 분야에 대한 정부 지원의 효과 분석」, 한국사회와 행정연구
정지연·김규리·이승희·정민수·시종욱·김성영(2021), 「메타버스 환경의 가상 전자회로 시뮬레이터 설계」, 한국정보기술학회
정지훈(2021), 「메타버스와 미래교육」, 한국어린이미디어학회
최미숙(2017), 「4차 산업혁명시대에 따른 전문대학 교양교육의 개선 방향 연구」, 교양교육연구
한형성(2021), 「포스트코로나 시대, 한국 대학의 기업화」, 마르크스주의 연구
홍병선(2009), 「대학 교육에 대한 사회적 요구와 대안 모색」, 교양교육연구
황의철(2020), 「4차 산업혁명 시대의 대학의 교육 과정 혁신 방향」, 한국컴퓨터정보학회논문지